中餐烹饪示范专业产教融合系列教材

中式点心基础

主 编 李永军 张 霞 吴晓儿

重庆大学出版社

<h1 style="text-align:center">内容提要</h1>

  《中式点心基础》共7个模块，每个模块分为若干个项目，每个项目又分为若干个任务，涉及技能操作层面的每一个任务都配有对应的操作视频，并以图解的方式详细展示中式点心基础操作的技法要点。本书编写的项目和任务均来自我国餐饮业点心部门实际的工作任务，内容覆盖中式点心制作必需的理论基础、基本手法和基本技法。

  本书模块1主要介绍了中式点心的概念、形成和发展过程等内容；模块2介绍了中式点心原料的选用、特性与中式点心面团的分类及形成机理；模块3介绍了中式点心生产的设备与工具；模块4介绍了中式点心熟制方法与成本核算；模块5主要介绍了中式点心馅料知识；模块6介绍了制作中式点心生产要求及基本常识；模块7是本书占比内容最大的模块，有32个任务，主要介绍了制作中式点心必须掌握的基本手法和基本技法，每种手法与技法均配有校企合作拍摄的视频。

  通过本书的学习，读者可以全面、系统地掌握中式点心制作的相关理论基础知识，以及基本手法与基本技法，快速达到点心从业者的相关要求。为今后进一步学习中式点心制作打下坚实的基础。

  本书可作为职业教育烹饪专业教材，也可作为相关从业人员的培训用书。

图书在版编目（CIP）数据

中式点心基础 / 李永军，张霞，吴晓儿主编. —— 重庆：重庆大学出版社，2022.12
中餐烹饪示范专业产教融合系列教材
ISBN 978-7-5689-3736-8

Ⅰ.①中… Ⅱ.①李… ②张… ③吴… Ⅲ.①糕点—制作—中国—职业教育—教材 Ⅳ.①TS213.2

中国国家版本馆CIP数据核字（2023）第009684号

中餐烹饪示范专业产教融合系列教材

中式点心基础

主　编　李永军　张　霞　吴晓儿
策划编辑：沈　静

责任编辑：姜　凤　　版式设计：沈　静
责任校对：邹　忌　　责任印制：张　策

*

重庆大学出版社出版发行
出版人：饶帮华
社址：重庆市沙坪坝区大学城西路21号
邮编：401331
电话：（023）88617190　88617185（中小学）
传真：（023）88617186　88617166
网址：http://www.cqup.com.cn
邮箱：fxk@cqup.com.cn（营销中心）
全国新华书店经销
重庆愚人科技有限公司印刷

*

开本：787mm×1092mm　1/16　印张：14.25　字数：376千
2022年12月第1版　　2022年12月第1次印刷
印数：1—3 000
ISBN 978-7-5689-3736-8　定价：69.00元

编委会

Foreword 总 序

　　党的二十大报告指出，"统筹职业教育、高等教育、继续教育协同创新，推进职普融通、产教融合、科教融汇，优化职业教育类型定位"。近年来，在各级政府强力推动和社会积极参与下，产教融合取得了可喜的进展，在促进职业学校转变传统办学观念和办学模式，主动面向、融入、服务和引领地方经济社会发展方面发挥了重要作用。

　　广州市旅游商务职业学校在2021年被评为广东省高水平中职学校建设单位，其中，中餐烹饪专业群是学校两个高水平专业群之一。广州市旅游商务职业学校烹饪专业至今已有50年的办学历史。多年来，为社会培养了大批工匠型餐饮技能人才，为旅游餐饮业作出了巨大的贡献。

　　本系列教材为中餐烹饪示范专业产教融合系列教材，分为《中式烹饪基础》《中式原料知识与加工》《中式烹调技术》《中式热菜制作》《中式凉菜与烧卤制作》《中式蔬果雕刻》《中式冷拼制作》《中式果酱画盘饰技艺》《中式点心基础》《中式点心制作》，共10本。本系列教材基于产教融合人才培养模式进行开发，以典型工作任务作为教学内容，服务于行业人才培养需要，同时满足学习者的职业生涯发展需要，是教师教学用的教材，更是学生自主学习的学材，兼具教材和学材的双重属性。教材的设计坚持落实职业教育立德树人根本任务，融入新技术、新工艺、新规范等新内容，以灵活的模块组合与装订形式呈现。教学过程根据教学内容的不同进行合理安排，实现理论学习与实践教学相互融合、学生的学习活动与教师的工作过程相一致、学生的能力培养与就业后的工作岗位需求相统一。注重学生动手操作和实践能力，强调团队合作，鼓励学生探索创新，培养学生创新思维和实践能力。学生通过系统学习，希望能为国家培养出更多追求卓越、精益求精、有较强创新思维和高度职业责任感的新世纪时代工匠，为国家经济发展作贡献。

　　本系列教材编写团队包括具有一定企业经历的专业教师和来自企业一线

的资深厨师，教师经常到企业进行技术交流和实践锻炼，企业资深厨师受聘担任学校课程指导教师，实现校企双师的互融互通，合作育人，确保教材内容与企业生产实际保持同步。在编写过程中，本系列教材得到我省多个知名餐饮企业、行业专家的大力支持，提出了大量具有前瞻性的建议，在此一并表示感谢！

广州市旅游商务职业学校

2022年11月

Preface 前 言

　　近年来，我国教材市场上中式点心的教材已有许多种，但大多数是以产品制作为主，中式点心制作基础知识较为薄弱，尤其是点心基本功教材较为欠缺。虽然有部分教材也有涉及，但总体缺乏系统性，也没有系统的教学视频作为辅助，导致学习者学习较为困难。对于中式点心制作的初学者来讲，一方面，如果基础知识及基本功不扎实，那么在后来的学习过程中很难有较大的提高。另一方面，目前我国学校及培养市场均缺乏有关的比较系统的中式点心基础及基本功方面的教材和参考书籍。

　　基于此形势，由广州市旅游商务职业学校在建设广东省高水平学校中餐烹饪专业群之际，与重庆大学出版社共同策划了"中餐烹饪示范专业产教融合系列教材"。而《中式点心基础》就是在此系列之内的一本。

　　《中式点心基础》从中式点心制作的基本理论知识入手，结合作者近30年来在中式点心实际工作中的经验，联合徐丽卿、陈笑鸿、卢炳书、区成忠、谭广燊、叶志文6位有名望的行业企业大师共同研究，结合点心岗位的职业能力，分析出若干个类别及典型工作项目，针对中式点心制作过程中的基本手法及基本技法，校企联合，共同拍摄教学视频。教材中以文字、视频与图解制作的形式详细展示给学生，在视频及图解过程中，均给出了每个手法及技法的动作标准，使学生在学习中更容易掌握手法及技法的要领，并且学完后对今后进一步学习中式点心制作有很大的帮助。

　　《中式点心基础》共7个模块，其中，模块1、模块2、模块4、模块6、模块7的部分内容由李永军负责编写；模块5、模块7的部分内容由张霞负责编写；模块3、模块7的部分内容由吴晓儿负责编写。视频制作由李永军、张霞、吴晓儿及陈笑鸿、卢炳书、区成忠、谭广燊、叶志文5位餐饮界知名点心大师共同完成。本书在编写过程中，还得到了"点心女状元"徐丽卿大师的指导，视频拍摄得到了刘海珍、舒季春女士的协助，在此向她们表示衷心的感谢。另外，本书参考并引用了一些书籍及学术期刊的内容，在此向有关作者致以衷心的感谢。

　　在本书的编写过程中，由于作者水平有限，书中难免会出现一些不足或疏漏之处，恳请读者批评指正，以便后续完善。

编　者

2022年11月

Contents 目 录

模块 1

中式点心概述

 **中式点心的概念、形成和发展过程**

【项目描述】

中式点心饮食文化是我国餐饮文化在点心饮食上的一个浓缩，是中式点心学习者必须掌握的知识之一，从中可以窥见学习者对点心饮食的观点与态度，其中包含中国独特的传统文化意蕴，有着较为深刻的社会意义。

【学习目标】

1. 掌握中式点心的概念、分类及形成与发展过程。
2. 认识中式点心在人们生活中的地位和作用。
3. 引导学生形成正确的饮食观念与态度，懂得中国传统文化意蕴，进一步发扬与传承中华优秀传统文化。

【任务实施】

1.1 中式点心的概念

中式点心也称"点心""面点"，是指以各种粮食类、糖类、蛋类、油脂、畜禽类、水产类、果蔬类等为主要原料，再配以多种调味品，经过加工制成的色、香、味、形、质俱佳的各种食品。就点心的技术范围来说，它包括点心原辅材料的选择、鉴别和加工技术、各种面团调制技术、各种点心成型技术、各式馅心制作技术、发酵技术、调辅料应用技术、火候运用技术、成品装盘、装饰技术，宴席点心搭配技术及色彩学、营养卫生学、生物化学、管理学等相关知识。

1.2 中式点心的形成和发展过程

中式点心的制作有着悠久的历史，经过几千年的沉淀，在历代点心师的长期实践和总结中不断发展。近年来，点心师们在继承和发扬传统点心品种的基础上，不断发展创新，使点心制作成为一个系统化、理论化、科学化的专业技术学科体系。

早在6000多年前，点心便在我国开始萌芽。邱庞同所著《中国点心史》指出"中国点心的萌芽时期在6000年前左右""中国的小麦粉及面食技术的出现在战国时期""中国早期点心的形成时间，大约是商周时期"。

在先秦时期，随着农业及谷物加工技术的发展，出现了面制品，如"饵"，据文献记载"合蒸为饵"即蒸的米粉制品被称为"饵"。在战国时期，人们为了祭祀、悼念爱国诗人屈原，将用芦苇包成的"黍角"（即现在大家熟悉的粽子）投入江中，表明当时的点心制作技术已经发展到了相当水平。

到了汉代及魏晋南北朝时期，点心制作技术进入了高速发展阶段。贾思勰所著《齐民要术》中载有"馅谕法"，其注解曰："起面也，发酵使面食高浮起，炊之为饼。"这说明在汉末或魏晋时期已出现了发酵面食制品。汉代人将面食制品统称为"饼"，炉烤的芝麻烧饼称为"胡饼"，上笼蒸制的类似馒头的制品称为"蒸饼"，水煮的面食称"汤饼"。自汉代一直到清代均沿用这些名称。

宋元时期，中国点心技术进一步发展，不仅由旧品种派生出许多花色，而且新品种大量涌现，如宋代诗人苏轼有诗曰："小饼如嚼月，中有酥与饴。"说明当时在点心制作上已采用油酥分层和饴糖增色等制作工艺。另外，随着中外文化的交流发展，不少胡食传入中国，而中国的部分点心也走出国门，加强了中外点心的交流与发展。

到了明清时期，点心制作技术得到较快发展，达到了新的高峰，节日点心品种也基本定型。如春节吃年糕、饺子，正月十五吃元宵，立春吃春饼等。特别是在宫廷中，点心品种更是五花八门。我国的点心流派也在此时基本形成，北方主要是北京、山西、山东三大风味流派，南方主要是苏州、扬州、广州三大风味流派。有关点心的著作也比较丰富。如《食宪鸿秘》《养小录》《随园食单》《醒园录》《调鼎集》等，均有专章论述点心，其中《调鼎集》共收集点心品种及制作方法200多种。

到19世纪末—20世纪30年代，不少海外华侨常把欧美、东南亚等地的点心及其制作技术传入家乡，又将我国的点心技术带出国门，促进了中外点心制作技术的交流。

中华人民共和国成立后，党和国家对人民生活的关怀及重视，是点心业发展的一大动力，我国曾组织过几次大规模的名菜名点展览，通过与全国各地和国外同行交流技术，大大提高了点心师们的素质，点心制作业得到了空前的发展，制作方式也由手工制作逐渐进化为半机械化、半自动化方式。各地的点心师们不断地挖掘和整理历史上久负盛名的风味小吃和著名点心，各地的点心制作工艺和风味特色，得到了广泛的交流，南北东西方的风味特色点心实现了大融合，大力推动了我国点心业的发展。于是，我国出现了大量中西风味、南北风味、古今风味结合的精细点心新品种。在点心供应的规模和层次上，也由低档的零售小吃，发展到高、中档的专门点心宴会和点心筵席，适应了人们不断增长的新的饮食需求。

1.3 中式点心的分类、地位和作用

1.3.1 中式点心的分类

中式点心的分类方法很多，如按使用原料分类可分为麦类制品、米类制品、杂粮类制品和其他制品。如按点心面团分类可分为水调面团品种、膨松面团品种、油酥面团品种、米粉面团品种及杂粮与其他面团品种等。若进一步划分，水调面团品种可分为冷水面团类、温水面团类、热水面团类。膨松面团品种可分为生物膨松类、化学膨松类、物理膨松类。油酥面团品种可分为层酥类、混酥类。米粉面团品种可分为糯米粉类、粘米粉类。杂粮与其他面团品种可分为植物类、糖浆类、蛋面类、鱼虾蓉类等。如按使用馅料分类可分为有馅类和无馅类。有馅类品种又可分为荤馅类、素馅类和荤素混合馅类。如按品种口味分类可分为甜点、咸点、甜咸味和无味类。如按熟制方法分类

可分为蒸煮类、煎炸类、烙烤类及复合成熟类。如按品种形态分类可分为糕类、团类、饼类、饺类、条类、粉类、包类、卷类、饭类、粥类、冻类、羹类等。如按成品干湿分类可分为干点类、湿点类和水点类等。

1.3.2 中式点心的地位和作用

中式点心是我国烹饪的重要组成部分，它以悠久的历史意蕴、多彩的艺术风格，广泛地反映了中华民族的饮食特色，在我国人民的饮食生活中占有相当重要的地位和作用。从整个餐饮业来看，中式点心制作与菜肴烹调一起构成了我国饮食业的全部生产经营业务。从旅游业来看，中式点心制作也是我国旅游饭店外汇收入非常重要的部分，食、住、行、游、购，饮食在旅游饭店中占有重要的地位。中式点心品种也成为受国内外旅游者普遍欢迎的、可口的、有特点的餐食。另一方面，据有关部门统计，我国不少大城市的居民，每天几乎有半数人口食用早点和点心夜宵，故中式点心还具有改善人民生活、方便群众的功能，对工农业生产有着不可低估的作用。

点心作为一种常见食品，它既能为人们充饥饱腹，又能作调剂口味的补充食品；既可作为食品给人们物质上的享受，又可作为艺术品给人们精神上的享受。具体作用表现在以下5个方面：第一，点心制作与菜肴烹调密切关联、互相配合、不可分割。第二，点心可作早餐、午餐、晚餐，也能作正餐、主食，既能充饥又能增加营养。第三，点心具有携带、使用方便、制作灵活的特点，制作不受过多条件限制，取料简便，制作灵活。不仅在满足亿万人民物质生活的第一需要方面作出不寻常的贡献，还为人们把更多时间变成财富的高效率生活和工作节奏提供了便利。第四，点心是筵席中必不可少的配盘，可使摆盘更加完美，在筵席中起到调节、变换口味的作用，又能使筵席增添丰满度和趣味性。第五，点心具有体积小、不占盛器、经济实惠、易于携带等特点，有利于应急短途、长途旅行，也可以作为人们之间交往的伴手礼，如作为节日、贺喜、馈赠礼物，增添欢乐喜庆的氛围。

【任务作业】

1. 中式点心的概念。
2. 中式点心的流派与特点。
3. 中式点心的地位和作用。

 项目2 **中式点心的流派形成和特点**

【项目描述】

中式点心的流派和特点代表着我国各地点心的饮食文化及点心特征，是学习中式点心必须掌握的内容之一，通过本项目的学习，学习者可对我国地方饮食文化及地方点心特征有所了解，为进一步认识与学习中式点心品种奠定基础。

【学习目标】

1. 掌握中式点心的主要流派及其形成过程。
2. 认识中式点心各主要流派的特点。
3. 引导学生掌握我国各地点心的文化及特点，懂得中国传统文化意蕴，进一步发扬与传承中华优秀传统文化。

【任务实施】

中式点心在长期的形成过程中，因为我国地大物博、民族众多，各地风俗习惯、物产条件、地理气候均有所差异，所以我国点心在制作方法、风味、品种上就历史地形成了各种不同特点的点心流派。从大的方面来讲，可以将我国点心流派分为两大派：以长江流域为界，长江以南的点心统称为"南点"，长江以北的点心统称为"北点"。在我国的历史发展过程中，南方特别是东南沿海地区的点心，无论在制作技术、风味品种、原辅料以及设备使用和更新改造方面都处于领先地位。因此，我国的大部分点心流派集中在南方，而北方主要以京式点心闻名。

目前，我国将点心划分为三大流派，即京式点心、苏式点心、广式点心，并称我国的三大特色点心。

2.1 京式点心

京式点心，泛指黄河以北的大部分地区制作的点心。主要以北京地区为代表，吸收了满族、蒙古族、回族以及南方各式点心的特长，融会贯通，自成体系。

2.1.1 京式点心的形成

早在战国时期，北京就是燕国的都城，又曾是辽国的陪都和金国的中都，后又成为元、明、清三朝京都。我国古代，都城是"五方杂处"，更主要的是居住着皇室人员和各种官员。他们的饮食和官场需要刺激了烹饪技艺的提高和发展，点心也不例外。例如各种宫廷宴和官场宴每年都有相当一部分在北京举行，作为宴席有机组成部分的各

种点心，便在北京皇宫和官府的点心房中生产出来。如清代的满汉全席中，就有四道点心和四样面饭。四道点心：头道是一品鸳鸯、一品烧饼；二道是炉干菜饼、蒸豆芽饼；三道是炉中郎卷、蒸菊花饼；四道是炉烙馅饼、蒸风雷糕。四样面饭：盘丝饼、蝴蝶卷、满汉饽饽、螺丝馒头。

传统节日和风俗也促进了点心的发展，于是许多点心就应运而生，形成了独特的北方特色。例如，正月十五吃元宵，形成了北方摇元宵派。与南方的吊浆汤圆派相比，北方的元宵制作是把较硬的馅料蘸水放于糯米粉中不断地滚动，使馅表面裹粉而成；又如，七月七日传说是牛郎织女鹊桥相会的日子，配合七月七日就有巧果出现，而巧果是用面粉和糖炸制而成。目前，巧果这种点心已经没有了，但类似巧果的点心却大大丰富了人们的生活。节日食俗创制的点心对京式点心的发展，有较大的影响。

没有继承就没有发展，京式点心就是在继承民间点心的基础上发展起来的。由于东北、华北盛产小麦，因此，北京小吃中面类食品居于首位，不仅制作精良，而且花样繁多。据统计，各种不同制法的北京小吃有200多种。如果加上不断变化的馅料，品种就更多了。

北京地理环境特殊，正南面向平坦广阔的华北大平原；西北过南口可上蒙古高原；东北过古北口可达松辽大平原；沿燕山麓往东过山海关可抵辽河下游平原；东临渤海湾。这一独特的地理位置，使北京很早便成为汉、匈奴、契丹、女真和回族等尽可能聚居相处的地方，各民族点心制作方法在此交融会通。京式点心兼收了各民族点心制作方法，例如北京风味小吃"栗子糕"，原是元明之际的高丽和女真食品。又如抻面，史料研究，它源于山东半岛的福山，故又称福山拉面，是胶东人民喜食的一种面食。据传在明代由山东传入北京，受到皇帝的赏识，称"龙须面"，从此成为京式点心名品。辽、金、元三朝建都北京时，将北宋汴梁、南宋临安和其他地区的能工巧匠掠至北京；明永乐皇帝迁都北京时，又将河北、山西和江南匠人迁至北京。这些迁居北京的能工巧匠中有一部分是点心师，便将汴梁、临安和其他地区的点心制作技术传至北京，后来这些点心便成为京式点心的重要组成部分。

宫廷点心传入民间丰富了京式点心的品种。如北京小吃中的肉饼、八宝莲子粥等，就是从元代宫廷小吃肉饼儿、莲子粥逐渐演变而来。

由上文可知，京式点心起源于华北、东北、山东地区的农村和满、蒙、回等少数民族地区，在形成过程中，吸收了各民族、各地区点心精华，又受南味点心和宫廷点心的影响。综合了各民族人民的智慧，形成了具有浓郁的北方民族特色的京式点心流派。

2.1.2 京式点心的特点

1）注重时令，适应季节

京式点心在生产、销售上注重应时应节，三节四季分明，并兼顾民间风俗习惯。例如，春节期间销售年糕、元宵、八宝南糖、各式蛋糕等；端午节上市的有粽子、五毒饼；中秋节备有各种月饼；重阳节吃重阳糕等。春季上市的有鲜花藤萝饼、鲜花玫瑰饼，适应人们春暖花开、百花齐放的欢快心理；夏季备有绿豆糕，适应人们消热可口、凉爽消暑的需求；冬季大量上市重糖重油品种，如萨其马、蜜三刀等，适应人们增热抗寒的需要。

2）重油、轻糖、甜咸分明

京式点心绝大多数是纯甜口味，少数品种是纯咸口味，与南点的甜味截然不同。

3）注重民族风味

一般来说，汉族点心多用猪油制成；回族点心多用植物油制成，例如红月饼就是用芝麻油制成的；满族点心有萨其马、芙蓉糕、勒格桑、其子等，具有浓郁的奶香味道；蒙、藏族的点心有吧啦藏饼、光头饼等品种。

4）皮、馅风味独特

京式点心皮、馅选料考究、制作精良、风味独特。例如，著名的京八件，既有酥皮、酒皮，又有奶皮，而且8种馅料有8种风味。馅料以山楂、枣泥、豆沙、白糖馅为主，辅助材料多用各种籽仁、果仁、蜂蜜、桂花、玫瑰等调香。又如，天津"狗不理"包子就是加入骨头汤、葱花、香油搅匀成馅，其口味醇香、鲜嫩适口，肥而不腻。

5）造型特点

造型美观、精致，表面多有纹印，饼状产品较多。例如抻面，面团需经连续9次抻条抻出512根名为一窝丝的细面丝，且粗细均匀，不断不乱，互不粘连，在此基础上再制作银丝卷。又如千层糕，一小块约7 cm厚的千层糕，竟有81层之多。

京式点心的代表品种有：京八件、核桃酥、红白月饼、提浆月饼、蜂糕、江米条、蜜三刀、状元饼、抻面、"狗不理"包子，等等。

2.2 苏式点心

苏式点心是以苏州地区为代表，以民间食品为基础，吸取扬式点心精华，经过漫长岁月的洗礼，逐步形成的比较完整的点心制作体系，销售范围遍及整个长江流域，故有"南点"之称。

2.2.1 苏式点心的形成

苏式点心起源于扬州、苏州。扬州、苏州又是我国著名的历史文化名城。苏州，在秦朝时是会稽郡的首邑，称为吴县。至隋文帝开皇九年（公元589年），废吴郡，改称苏州。苏州是古今繁华地，为江南一大繁华都会，市井繁荣，商贾云集，文人荟萃，游人如织。扬州是我国历史上的文化名城，西汉时扬州曾是汉五朝陪都，社会繁荣，经济富庶，是商贾大臣、文人墨客、官僚政客聚集地，有古诗云："腰缠十万贯，骑鹤上扬州。"悠久的文化，发达的经济，为苏式点心的发展提供了有利条件。

据史料记载，唐代，苏州点心已声名远扬，白居易、皮日休等人的诗中就屡屡提到苏州粽子等。宋代，苏州每一节日都有"节食"。明代，苏州人韩奕《易牙遗意》中就收录了20多种江南名点。《随园食单》《清嘉录》中的点心记载，不但品种繁多而且制作精良。

扬州，以"十里十街"井连而闻名全国。清代乾隆、嘉庆年间，扬州就有数十家著名的点心店肆。创制出大批名点，品种数不胜数。如油炸茄饼、菊花饼、琥珀糕、葡萄糕、竹叶糕、东坡酥、雪花酥、羊肉火烧、鸡粉面、八珍面等，都是各具特色、别有风味的传世佳品，故远在数百年前就名扬域外。可见，在我国点心史上，苏式点心具有相当重要的地位。

江苏自古以来就是饮食文化发达地区，加之温润的气候条件和优越的地理位置，促成了苏式点心起源较早。

扬州，古时"北据淮、南距海"。西汉时，扬州辖地有江、浙、皖、赣、闽诸省及鄂、豫部分地区。其时，广陵、江都等皆称扬州，还包括长江中下游地区。扬州是鱼米之乡，盛产六畜六禽、海鲜河鲜、百果蜜饯、菱藕蔬瓜、竹叶荷叶、菊花桂花。当地丰饶的物产，为苏式点心流派的形成奠定了丰富的物质基础。

苏式点心中的淮扬点心，具有制作精美的特点，经过点心师的继承和发扬，苏式点心名扬天下。

据《随园食单》记载，清代仪征的萧美人制作的点心——饺子，小巧玲珑，"价比黄金"。又如定慧师姑烹饪的素面也闻名遐迩。近年来，点心师在继承传统特色的基础上不断创新发展，如富春茶社制作的翡翠烧卖，皮如片玉、馅碧如翠，半透明的薄皮下，葱绿色的馅心尽收眼底，犹如一件精巧的艺术品。

2.2.2 苏式点心的特点

1）应时应节，四季茶食

应时应节，是指点心随着季节的变化和群众的习俗而应时变换品种。如春季有酒酿饼；清明前后有大方糕；夏季有绿豆糕、薄荷糕；秋季有巧果、月饼；冬季有糖年糕、猪油年糕等。

2）品种以糕、饼并重

多系酥皮包馅类和米类。例如定胜糕、云片糕、姑苏月饼等。

3）选料严格、制作精良、造型美观

苏式点心非常注重原料的选取，例如选用东北肥嫩粒大的松仁；天津、河北薄衣油足的核桃仁；吉林、江西和山东白净饱满的瓜子仁；山东的特级黑枣；河北、辽宁和吉林的甜杏仁等。在制作上讲究造型，如船点是苏式点心中出类拔萃的点心，相传发源于苏州、无锡水乡的游船画舫上，经过揉粉、着色、成形及熟制后捏成各种花卉、飞禽、动物、水果、蔬菜等形状，制作精巧、形象逼真。

苏式点心中的扬州点心，其外形玲珑剔透，栩栩如生，正如美食家袁枚在《随园食单》中描述："奇形诡状，五色纷披，食之皆甘，令人应接不暇。"扬州点心品种多姿多彩，其中花卉状的有菊花、荷叶、秋叶、梅花、兰花、月季花等；动物状的有刺猬、玉兔、白猪、螃蟹、蝴蝶、孔雀等；水果状的有石榴、桃子、柿子、海棠、葡萄等；蔬菜状的有青椒、茄子、萝卜、大蒜等。又如百鸟朝凤、熊猫戏竹、枯木逢春、红桥相会等点心，更是形意俱佳，令人回味无穷。

4）重糖、重油、重果辅料、重天然香料

不使用化学添加剂，多以桂花、玫瑰调香。馅料中多配以果辅料和猪板油丁。苏式点心的代表品种有：姑苏月饼、三丁包子、翡翠烧卖、船点、芝麻酥糖、杏仁酥、糖年糕、巧果、八珍糕等。

2.3　广式点心

广式点心是以广州地区为代表，最初以米的品种居多，如伦教糕、年糕、炒米饼等。广州自汉魏以来，就成为我国与海外各国的通商口岸，经济贸易繁荣，特别是近百年来又吸取了外国的面包、点心制作技术。所以，广式点心是在民间点心的基础上，吸取了北方和西式点心的特点，结合本地区人民的生活习惯，不断改进生产工艺，逐渐形成的独具南国风味的点心制作体系。

2.3.1 广式点心的形成与发展

广式点心的制作，最早以民间食品为主。广东地处我国东南沿海，气候温和，雨量充足，物产丰富，盛产大米，故当时的民间食品大都是米品种，如伦教糕、萝卜糕、糯米年糕、油炸糖环等。

广东具有悠久的历史文化，在秦汉时期，番禺（今为广州市辖区）为南海郡治，经济繁荣，市场贸易增加，饮食业相应地发展，民间食品顺应需要也得到了发展。正是在这些本地民间小吃的基础上，经过历代的演变发展，逐步形成今日三大特色点心之一。

娥姐粉果是广州著名的美点之一，即在民间传统小吃粉果的基础上，经过历代点心师的不断创新发展而成。粉果小吃至少有300多年的历史，在明代就很盛行。明末清初屈大均在《广东新语》这样记述民间饮食习俗："平常则作粉果，以白米浸至半月，入白粳饭其中，乃舂为粉，以猪脂润之，鲜明而薄以为外，茶蘼露、竹胎（笋）、肉粒、鹅膏满其中以为内，一名曰粉角。"

又如九江煎堆，驰名全国，为春节馈赠亲友之佳品。九江煎堆是在民间小吃基础上发展起来的，至今已有几百年历史。初唐诗人王梵志曾写下"贪他油煎，爱若菠萝蜜"的诗句。可见，在唐代，煎堆已是人们喜爱的食品之一。《广东新语》记载："广州之俗，岁终，以烈火爆开糯谷，名曰炮谷，以为煎堆心馅。煎堆者，以糯粉为大小圆，入油煎之。"煎堆经过数百年的演变，品种多样，其皮有软、硬、脆之分；其馅有豆沙、椰丝等。

广式点心在发展方面，自秦始皇南定百越，建立"驰道"，广东等地与中原的联系日渐加强。汉代南越王赵佗，五代南汉主刘龚归汉后，北方饮食文化与岭南交往日益频繁。北方的饮食文化对广州点心产生了较大影响，例如增加了面粉品种，出现了酥饼类食品。1758年（乾隆二十三年）《广州府志》曾记载有沙壅、白饼、黄饼、鸡春饼等。

西晋末年至唐宋末年，中原几经战乱，大批汉人南迁到广东各县（本地人称他们为"客家人"），但饮食仍保留中原食俗习惯。如"客家人"保留着北方的食俗风尚，喜欢吃饺子，但是广东地区主产稻米而不种植小麦，古时交通和商品流通又不发达。因此，"客家人"便利用当地原料，创制出"米粉饺"等食品。这种饺子具有北方饺子的基本风采，别有风味。

唐代，广州已发展成为著名港口，外贸发达，商业繁荣，与海外各国经济文化交往密切。19世纪中期，英国悍然发动了侵华鸦片战争，国门大开，欧美各国的传教士和商人纷至沓来，广州街头万商云集、市肆兴隆。广州较早地从国外传入了各式西点制作技术，当地点心师们积极吸取西点的制作技术精华，丰富了广式点心。如广州著名的酥点之一擘酥类，就是吸取西点技术形成的。擘酥是参照西点清酥面的制作技术，清酥面是用面粉和白塔油和成油面，经过冰箱冷冻，

而擘酥则是采用面粉和凝结猪油，也经过冷冻，即用料中式化，制作上仍属西点。

点心师们根据广东本地人的口味、嗜好、习惯，在民间食品的基础上，吸取了中原点心和西式点心的优点，并加以改良创新，促进了广式点心风味的形成和不断完善。例如，广州传统美食肠粉，色泽洁白、水润晶莹、软滑爽口，就是经过历代点心师不断改进形成的。肠粉兴起于19世纪末，开始是将蒸熟的粉皮卷成长条形，因像猪肠子而得名；到了20世纪30年代初，在肠粉中拌入芝麻为馅，入口爽滑麻香，随后又有所改良发展，以肉馅制成鱼片肠粉、滑牛肠粉、滑肉肠粉等，味道十分鲜美，作为点心上市。

2.3.2 广式点心的特点

1）中西结合，博采众长

广东地处沿海，毗邻港澳，较多地受到西方饮食文化的影响。广式点心在继承传统制作工艺的基础上，吸取了西点的特长——品种新颖，工艺独特。例如拿破仑酥、奶油蛋糕、布丁蛋糕等。

2）选料考究，品种繁多

广式点心皮馅多样，品种繁多。按大类可分为长期点心、星期点心、节日点心、旅行点心、早晨点心、中西点心、招牌点心等。广东小吃历史悠久，只是小店经营的米面品种小吃，就有几百种。广东地域广阔，有山区、平川、海岛、内陆，群众的生活习惯又各不相同，故取材于当地的小吃也各具特色，品种丰富。例如潮州地区小吃以海产品、甜食著称。

3）重糖重油

广式点心多数品种较甜，用油量较多，这与南方饮食习惯有关。

4）成品制作严格，皮薄馅厚，花纹清晰

广式点心注重馅料丰满，清香油润，荤素齐备。要求皮薄馅厚，皮馅丰满相贴，饼身边角分明，花纹清晰，成品精细雅致，规格完整。

5）季节性强

广式点心的品种依据不同季节的变化而变化。一般夏季宜清淡，春季浓淡相宜，冬季宜浓郁。这就造就了广式点心品种繁多，形态、花色突出。如春季供应的是浓淡相宜的礼云子粉果、银芽煎薄饼、玫瑰云霄果等；夏季应市的是生磨马蹄糕、西瓜汁凉糕等；秋季是蟹黄灌汤饺、秋荔浦芋角等；冬季则主供滋补御寒点心，如腊肠糯米鸡等。

广式点心的代表品种有：广式月饼、合桃酥、叉烧包、莲蓉酥、龙江煎堆、伦教糕、肠粉、虾饺等。

【任务作业】

1. 中式点心的三大流派是如何形成的？
2. 中式点心三大流派各有什么特点？

模块2

中式点心原料的选用

项目3 中式点心基本原料知识

任务1 米面粉类

【任务描述】

米面粉类是生产中式点心必备的重要原材料，是中式点心学习者必须掌握的知识内容。不同的中式点心对米面粉类的性能及品质要求也不同，掌握米面粉类的产地、分类、性质及使用方法对制作中式点心有着重大意义。

【学习目标】

1. 掌握中式点心使用米面粉类的种类、性质及品质鉴别。
2. 对米面粉类制作的中式点心的品种有一定的了解。
3. 引导学生从职业角度出发学习米面粉类的选择，时刻牢记食材的选择对人民身体健康的影响，从而形成一心一意为人民服务的思想。

【任务实施】

3.1.1 小麦粉（图2.1）

小麦粉是生产点心的一种重要原材料，不同的点心对面粉的性能及品质要求也各不相同。由于我国小麦品种较多，播种面积较大，并且各产区的气候、土壤等条件又不相同，因此小麦粉的品质自然有所不同，而制作点心必须对小麦粉的理化性质进行研究。必须先对小麦的种类、等级、籽粒结构、成分与小麦粉有何关系进行研究。

图2.1 小麦粉

1）小麦的种类和结构

小麦是世界各国的主要粮食作物之一，在各种粮食作物中，小麦的种植面积和总产量均占第一位，小麦的总产量约占世界粮食总产量的25%，小麦也是我国的主要粮食作物。在全国粮食作物中，小麦约占总产量的23%，仅次于稻谷，位居第二位。

（1）小麦的种类

小麦主要有两种，即普通小麦和硬粒小麦。其中，普通小麦又可按播种季节、皮色、粒质进行分类。

①按播种季节分为冬小麦和春小麦两种。冬小麦在秋季播种，初夏成熟。春小麦在春季播种，夏末收获。根据气候条件，我国小麦划分为三大自然产区，即北方冬麦区（主要包括河南、山东、河北、陕西）、南方冬麦区（主要包括江苏、安徽、四川、湖北）和春

麦区（主要包括黑龙江、新疆、甘肃）。一般来说，北方冬小麦蛋白质含量较高，质量较好；其次是春小麦；南方冬小麦蛋白质和面筋质含量较低。

② 按小麦皮色分为白皮小麦和红皮小麦两种。白皮小麦一般粉色较白，皮薄，出粉率高。红皮小麦粉色较深，皮较厚，出粉率较低。

③ 按小麦粒质分为硬质小麦和软质小麦两种（图2.2）。小麦断面呈透明状（玻璃质）的为硬质

图2.2 硬质小麦与软质小麦

粒，硬质率达50%以上的称为硬质小麦，其面筋含量高，筋力较强。小麦断面呈粉状的为软质粒，软质率达50%以上的称为软质小麦，其面筋含量较低，筋力较差。因此，硬质小麦磨制的面粉适合生产面包、油条、萨其马等筋力要求较高的点心品种，而软质小麦磨制的面粉则适合生产酥点、蛋糕、饼干等对筋力要求较低的点心品种。

（2）小麦籽粒的结构

小麦籽粒的结构与品质的好坏有直接关系。小麦籽粒由皮层（麦皮）、胚乳和胚3个部分组成。

①皮层。小麦的皮层由6层不同的层次组成，最外层是表皮。整个皮层约占小麦籽粒干物质总量的15%～20%。粗纤维含量较多，不易被人体消化吸收。

②胚。小麦的胚位于麦粒背部的下端，其质量约占小麦籽粒干物质总量的1.4%～3.0%。胚中的脂肪含量很高，还含有蛋白质、可溶性糖、多种酶和维生素，可以增加面粉的营养成分。但脂肪容易变质，使面粉酸度增加，不利于储存；同时，胚呈黄色，影响粉色，因此，在磨制精度较高的面粉时，胚不宜磨入粉中。

③胚乳。小麦籽粒的最大部分由胚乳组成。胚乳约占小麦籽粒干物质总量的78%～85%，是面粉的基本组成部分。

小麦籽粒不同部位的胚乳细胞，大小形状和化学成分不同，胚乳细胞的淀粉粒之间充塞着蛋白质体。蛋白质体主要由面筋蛋白组成。外围胚乳细胞中的蛋白质比其他部分胚乳细胞中的蛋白质都多。

2）小麦和面粉的化学成分

小麦和面粉的化学成分不仅决定其营养价值，而且对点心的加工工艺性能也有很大影响。小麦的化学成分有碳水化合物、蛋白质、脂肪、矿物质、水分和少量的酶类、维生素和其他成分。小麦籽粒的化

学成分因品种、产区、气候和栽培条件的不同导致变化范围很大，尤其是蛋白质含量相差最大。面粉的化学成分不仅随品种和栽培条件而异，而且受制粉方法和面粉等级的影响。

（1）碳水化合物

碳水化合物是小麦和面粉中含量最高的化学成分，约占麦粒质量的70%、面粉质量的75%，主要包括淀粉、糊精、纤维素以及各种游离糖。在制粉过程中，大部分纤维素都被剔除了，因此，纯面粉的碳水化合物主要有淀粉、糊精和少量糖。

淀粉是小麦和面粉中最主要的碳水化合物，约占小麦籽粒质量的57%，面粉质量的67%。小麦籽粒中的淀粉以淀粉粒的形式存在于胚乳细胞中，淀粉的比重为1.486～1.507。干淀粉的发热量为4 014 kcal/g。淀粉不溶于冷水，但淀粉悬浮液遇热膨胀、糊化，发生凝胶作用，形成胶体。淀粉的分解温度为260 ℃，与碘反应呈蓝色。

淀粉是葡萄糖的自然聚合体，根据葡萄糖分子之间连接方式的不同分为直链淀粉和支链淀粉两种。在小麦淀粉中直链淀粉约占1/4，支链淀粉约占3/4。直链淀粉易溶于热水，生成的胶体黏性不大，也不易凝固。支链淀粉需在加热加压条件下溶于水，生成的胶体黏性很大。因此，支链淀粉比例大的谷类，其淀粉的黏性也较大。

纤维素坚韧、难溶、难消化，是与淀粉很相似的一种碳水化合物。它是小麦籽粒细胞壁的主要成分，约占小麦籽粒干物质总量的2.3%～3.7%。小麦中的纤维素主要集中在麦麸里。麸皮纤维素含量高达10%～14%，面粉中麸皮含量过多，不但影响点心的外观和口感，而且不易被人体消化吸收。但面粉中含有一定数量的纤维素有利于胃肠的蠕动，能促进对其他营养成分的消化吸收。

（2）蛋白质

小麦籽粒中蛋白质的含量和品质不仅决定小麦的营养价值，还是构成面粉面筋的主要成分，因此它对点心的制作有着极其重要的影响。小麦粉之所以在点心制作中应用广泛，就是因为在所有的谷物粉中，只有小麦粉中的蛋白质能够吸水形成面筋。

我国小麦的蛋白质含量最低为9.9%，最高为17.6%，大部分在12%～14%。

小麦籽粒不同部分的蛋白质分布是不均匀的。一般胚部的蛋白质含量最高，胚乳部分蛋白质的含量由内向外依次增加。麦皮中蛋白质含量最低。因胚乳占小麦籽粒的比例最大，所以，胚乳蛋白质含量占麦粒蛋白质含量的比例也最大，约70%。由于糊粉层和胚部的蛋白质含量高于胚乳，因此出粉率高、精度低的面粉其蛋白质含量往往高于出粉率低而精度高的面粉。

面粉中的蛋白质根据溶解性质不同可分为麦胶蛋白（醇溶蛋白）、麦谷蛋白、麦球蛋白、麦清蛋白和酸溶蛋白5种。主要由麦胶蛋白和麦谷蛋白组成，其他3种含量很少。麦胶蛋白和麦谷蛋白约占面粉蛋白质总量的80%以上，并且能与水结合形成面筋。面筋品质优良，对点心的制作与品质有很大的影响，它的数量与品质直接决定着点心的品质。

（3）酶

小麦及面粉中含有多种酶，对点心制作和面粉贮存起较大作用的主要是淀粉酶和蛋白酶。

①淀粉酶。淀粉酶分为α-淀粉酶和β-淀粉酶。α-淀粉酶又称糊精淀粉酶，能水解淀粉生成糊精、麦芽糖和葡萄糖，改变淀粉黏性。β-淀粉酶又称糖化淀粉酶，能将淀粉水解成大量的麦芽糖和少量的高分子糊精，还能将糊精转化成麦芽糖。

α-淀粉酶的适宜温度和钝化温度要比β-淀粉酶高。β-淀粉酶的最适宜温度为60～64 ℃，α-淀粉酶的最适宜温度为70～75 ℃。但是，β-淀粉酶在80～84 ℃时钝化，α-淀粉酶却在96~98 ℃时仍能保持一定的活性。

②蛋白酶。蛋白酶又称蛋白质分解酶。小麦中的蛋白酶能将蛋白质分解成蛋白胨、多肽、氨基酸等比较简单的物质。

用发芽或被虫害侵蚀的小麦制成的面粉，蛋白酶活性较强，会破坏面筋继而影响点心的质量。

（4）脂质

小麦籽粒中的脂质含量为2%~4%，面粉中的脂质含量为1%~2%。主要由不饱和脂肪酸组成，易因氧化和酶水解而酸败。因此，为了延长面粉的贮存期，在制粉时要去除脂质含量高的胚和麦皮，以减少面粉中脂肪含量。

（5）水分

面粉中的水分以游离水和结合水两种形态存在。面粉含水量一般为13%~14%。

3）面筋

从物理学角度来讲，面筋就是将面粉加水调制成面团后，用水冲洗、过滤后剩下的一团微黑色的胶状物质。

从化学角度来讲，面筋是由面粉中的蛋白质吸水形成的，主要由麦胶蛋白和麦谷蛋白组成，约占面筋干重的80%。其余20%是淀粉、纤维素、脂肪和其他蛋白质。面筋

图2.3 湿面筋

中麦胶蛋白和麦谷蛋白的比例，一般是麦胶蛋白占55%~65%，麦谷蛋白占35%~45%。

湿面筋（图2.3）数量与蛋白质含量成正比，并且湿面筋约为干面筋的两倍，即干面筋可吸收自重两倍的水。故面粉中蛋白质含量高，吸水量就越大。

（1）面粉以湿面筋含量的分类

中式点心生产中一般以湿面筋含量划分面粉种类。根据面粉中湿面筋含量的不同，一般将面粉分为3类：高筋面粉、中筋面粉、低筋面粉。其中，高筋面粉湿面筋含量在35%以上；中筋面粉湿面筋含量为26%~35%；低筋面粉湿面筋含量在26%以下。

一般来说，高筋面粉用于制作体积起发大、韧性较强的点心，如面包、油条、萨其马等；低筋面粉用于制作对筋性要求较弱的点心，如蛋糕、酥点类等；中筋面粉用于制作一般性的点心，如面条、煎饺、蛋散等。总之，不同的点心品种对面筋含量的要求不同，在制作时要根据品种要求灵活掌握。

（2）面筋的品质及特性

面粉中面筋品质的鉴别，不仅要看面粉中面筋的数量，还要看面

筋的质量，即面筋的特性。面粉中面筋数量含量高，并不代表面粉的质量就好。那么，如何判别面筋的质量呢？主要从以下特性即延伸性、弹性、韧性和比延伸性进行判断。

①延伸性。指面筋被拉长而不断裂的能力。

②弹性。指湿面筋被压缩或拉伸后恢复初始状态的能力。面筋的弹性可分为强、中、弱三等。弹性强的面筋，用手指按压后能迅速恢复原状，且不粘手也不留下手指痕迹，用手拉伸时有很大的抵抗力。弹性弱的面筋，用手指按压后不能复原，粘手并留下较深的指纹，用手拉伸时抵抗力很小，下垂时，会因自重而自行断裂。弹性中等的面筋，其性能介于以上两者之间。

③韧性。指面筋在拉伸时所表现的抵抗力。一般来说，弹性强的面筋韧性也好。

④比延伸性。以面筋每分钟能自动延伸的厘米数来说。面筋质量好的高筋粉一般每分钟仅自动延伸几厘米，而低筋粉的面筋每分钟可自动延伸100 cm。

（3）面筋的品质鉴别

①优良面筋。弹性好，延伸性大或适中。

②中等面筋。弹性好，延伸性小；或弹性中等，比延伸性小。

③劣质面筋。弹性小，韧性差，由于自重而自然延伸或断裂。完全没有弹性或冲洗面筋时，不黏结而流散。

（4）影响面筋形成的因素

影响面筋形成的因素主要有：面团温度、面团中的含水量、面团放置时间、外力作用及面粉质量等。

①面团温度。因为温度过低会影响蛋白质吸水形成面筋，一般30 ℃左右时面筋形成速度较快，所以，在调制面团时，冬天与夏天均要采取不同的方法、措施进行掌握。

②面团中的含水量。由于面粉中的蛋白质吸水才能形成面筋，因此水是面筋形成的必要条件，面团中水分含量越高，面筋形成就越快；反之，面筋形成就越慢。

③面团放置时间。由于蛋白质吸水形成面筋需要一段时间，因此，面团调制后必须静置，以便面筋的形成。

④外力作用。面团形成后，为了加速面筋的形成，必须给予面团一定的外力以促进面筋的形成。因此，在调制面团时，一般以揉、搓、摔、搅等外力手段促进面筋形成。

4）面粉的质量鉴定方法

（1）含水量

面粉含水量一般为13%～14%，因为含水量对面粉贮存与调制面团时的加水量有密切关系，所以对面粉含水量有严格的规定。鉴定方法除了用电烘炉等方法，常用简易方法来测定面粉中的水分。即用手掌紧握少量面粉时，应有沙沙的响声，松开手掌时形成的面粉团块散开，则表示面粉含水量偏低；若无沙沙的响声，且在松开手掌时面粉已被捏成不易散开的坚实面块，则表示面粉含水量偏高。但是，这种面粉水分的感官测定，是凭经验判断的，需长期摸索才能获得。

（2）新鲜度

面粉的新鲜度可从色泽、香味、滋味、触觉等方面鉴别，一般方法是用感观体验。

（3）色泽

质地优良的特制面粉呈淡黄色，标准粉略带灰色。若呈暗色或夹杂其他色者，则均为劣质面粉。

（4）香味

根据气味鉴别面粉的方法为：取少许面粉为试样，放于手掌中间，用嘴哈气，使温度升高，立即嗅其气味。鉴别标准见表2.1。

表2.1　面粉的气味与面粉的质量关系

面粉的气味	面粉的质量
有新鲜而轻薄的香气	优良的面粉
有不良的土气、陈旧味	劣质的面粉
有酸败臭味	变质的面粉
有霉臭味	霉变的面粉

（5）滋味

面粉滋味的鉴别方法是：先用清水漱口，再取面粉试样少许，放在舌上辨别其滋味。鉴别标准见表2.2。

表2.2　面粉的滋味与面粉的质量关系

面粉的滋味	面粉的质量
咀嚼时能产生甜味	优良的面粉
咀嚼时产生苦味	劣质的面粉
咀嚼时产生酸味	变质的面粉
咀嚼时产生霉味	霉变的面粉

（6）触觉

用手揉搓面粉，面粉的手感对应面粉的质量鉴别标准见表2.3。

表2.3　面粉的手感与面粉的质量关系

面粉的手感	面粉的质量
有沙拉拉的感觉	优良的面粉
如羊毛状有绵软的感觉	正常的面粉
手感过度光滑的感觉	软质的面粉
手感沉重而光滑过度	制作技术不良的面粉

3.1.2　米粉类

1）中式点心常用的米粉类

（1）糯米粉

糯米粉由糯米加工而成。糯米通常有大糯米、小糯米之分。大糯米品质黏性很强，米粒肥壮。小糯米品质黏性较弱，米粒略小。

糯米具有柔软细滑、性黏、色白的特性，经加工磨成细粉，用不同的制作方法能制出各式各样的点心，如春节应市的年糕、煎堆、冬果以及常见的香麻炸软枣、糯米糍、咸水角等品种。糯米与糯米

图2.4 糯米与糯米粉

粉如图2.4所示。

（2）粳米粉

粳米粉由粳米磨制而成，粳米主要产于东北、华北、江苏等地，其形态圆形、饱满，主要分为薄稻、上白粳、中白粳等。薄稻熟制后黏性强，富有香味，磨成的水粉可制作年糕、打糕等，食之口感香糯爽滑，别具特色；上白粳色白，熟制后黏性较重；中白粳色次，熟制后黏性较差。

用纯净的粳米粉调制的粉团，一般不能发酵使用，必须混入面粉方可制作发酵品种。粳米与粳米粉如图2.5所示。

图2.5 粳米与粳米粉

（3）粘米粉

粘米粉由籼米加工而成，籼米主要产于四川、湖南、广东等地，其形态细长，支链淀粉含量较少，故磨出的粉熟制后黏性较小。粘米粉一般用来制作发酵糕点，也可制作一些不疏松类的产品，如肠粉、萝卜糕、芋头糕、水晶糕等。籼米与粘米粉如图2.6所示。

图2.6 籼米与粘米粉

2）米粉类的分类

米粉按加工方法的不同可以分为干磨粉、湿磨粉、水磨粉3类。

（1）干磨粉

干磨粉是用各种米直接磨制而成的粉。其优点是含水量低，便于贮存，并且运输方便，不易变质。缺点是粉质较粗，制成品爽滑度较差。

（2）湿磨粉

在磨制湿磨粉时，米要经过淘洗、涨发、静置、淋水等过程，直至米粒酥松后才磨制成粉。其优点是粉质细腻、成品富有光泽，能制作高档点心。缺点是含水量高，对贮藏及运输不利。

（3）水磨粉

水磨粉是米经淘洗、浸泡，连水一起磨制，经压粉、沥水、干燥、研细等工艺制成。其优点是：粉质细腻、成品柔软，食之口感滑润。其缺点是：含水量较高，不宜久存。

3.1.3 澄面

澄面（图2.7）又称澄粉、小麦淀粉，由面粉加工制成。澄面的具体做法：将面粉加水搓制成团，再用水冲洗出面筋，剩余的淀粉颗粒则悬浮于水中，然后经过沉淀、滤干水，再经干燥、研细而成。

澄面色泽洁白、粉质细滑。其主要特点是与水加温熟制后呈半透明体，并且软滑带爽。适宜制作可以看见馅心的点心皮类，例如虾饺皮、晶饼皮、粉果皮等。

图2.7 澄面

3.1.4 粟粉

粟粉（图2.8）又称玉米淀粉、玉米面、玉蜀黍粉等，是玉米去皮后经磨制加工而成。玉米一般有黄、白、黑3种颜色，白色的玉米品种黏性较好。其特点是粉质细滑、色泽洁白中透着微黄，吸水性较强。加温糊化后易于凝结，完全冷却时变成爽滑、无韧性、有些弹性的凝固体。

粟粉营养成分极为丰富，具有一定的保健功能，除含有蛋白质、碳水化合物以及钙、磷、铁、胡萝卜素、B族维生素和尼克酸外，还含有健脑益智、抗衰老、抗癌防癌的有效成分。粟米粉的

图2.8 粟粉

脂肪含量为精米、精面的4～5倍，特别是富含对人脑有益的不饱和脂肪酸，其中50%为亚油酸，还含有卵磷脂、维生素E，具有延缓人脑功能退化和细胞衰老的健脑益智作用，还能降低血清胆固醇，对高血压、动脉硬化、冠心病、心肌梗死的发生有防治功能。

粟粉在点心制作上的应用也比较广泛，如搭配面粉制作发酵类点心，配合粘米粉制作蒸糕品，也可以单独制作一些比较有脆性的点心，还可以作勾芡使用。

3.1.5 可可粉

可可粉（图2.9）是由

图2.9 可可粉

图2.10 糕粉

可可豆加工制成的。可可豆经过干燥、烘炒、碾碎、研磨、过滤等一系列处理过程，成为一种棕褐色的极细粉末。可可粉富含维生素A、B族维生素和其他营养成分，并含有人体易于吸收的丰富蛋白质、脂肪和磷等成分。

可可粉味道香浓，粉质细滑，并且富含天然色素，在点心制作上的应用比较广泛，如制作多层马蹄糕、多色鸡蛋卷，用于各种点心的调色等，故可可粉在点心制作方面既是一种天然香料，又是一种天然色素。

3.1.6 其他粉类

1）糕粉

糕粉（图2.10）又称加工粉、潮州粉，是用熟糯米加工制成。其特点是粉粒松散，色泽洁白，吸水性强，遇水即黏结成有韧性的团状。糕粉在点心中常用作馅料辅助料，如制作月饼馅、酥饼馅、老婆饼馅等，食之软滑带黏。也可以单独制作成点心的皮料，如冰皮月饼皮、水糕皮等。

2）生粉

生粉（图2.11）原是用绿豆加工而成的，经过加温后其黏性、韧性极强。目前，点心市场使用的主要是马铃薯淀粉，在点心制作中常配合澄面制作虾饺皮、晶饼皮、粉果皮等，以达到增加韧性的效果。生粉常用于制作点心的上浆、上干粉、勾芡等。

图2.11 生粉

3）马蹄粉

马蹄又称荸荠，马蹄粉（图2.12）是用马蹄加工而成的。马蹄粉粒粗、夹有大小不等的菱形，赤白色。马蹄粉吸水量极大，制作点心时，1 000 g马蹄粉可以加水6 000 g左右，且加温后呈透明状，食之爽滑性脆。常用于制作马蹄糕、九层糕、芝麻糕、橙汁拉皮卷和一些夏季糕品等。

图2.12 马蹄粉

图2.13 吉士粉

4）吉士粉

吉士粉（图2.13）是淀粉加入一定比例的香料及橙色素制成的。其色泽橙黄，在点心中常用作增色剂和增香剂。

【任务作业】

1. 什么是面筋？面筋有哪些性质？

2. 如何以湿面筋的含量划分高低筋面粉？如何进行高低筋面粉的感官鉴别？

3. 如何鉴别面粉的质量？

4. 中式点心常用的米粉类有哪些？如何分类？

任务② 糖与糖制品

【任务描述】

糖与糖制品是生产中式点心必备的重要原材料，是中式点心学习者必须掌握的知识点。不同的糖类表现出不同的性质，不同的糖制品对中式点心成品的品质有着较大的影响。掌握糖与糖制品分类、性质及使用方法对制作中式点心有重大意义。

【学习目标】

1. 掌握中式点心用糖与糖制品的种类、性质及品质鉴别。
2. 学会不同的糖与糖制品在不同点心中的应用。
3. 引导学生从职业角度出发学习糖与糖制品的选择，时刻考虑食材的选择对人民身体健康的影响，从而养成一心一意为人民服务的思想。

【任务实施】

在中式点心的制作中，除面粉外，糖类是用量最多的一种原料。糖不仅增加点心的甜味，而且对改善点心的色、香、味、形及内部品质起着重要作用。

3.2.1 糖与糖制品的种类

点心中常用糖与糖制品的种类大致有白砂糖、白糖粉、赤砂糖、黄糖、冰糖、饴糖、淀粉糖浆、转化糖浆、果葡糖浆等。

1）白砂糖

白砂糖简称砂糖，为精制砂糖，纯度高，蔗糖含量在99%以上。白砂糖为粒状晶体，根据晶粒大小可分为粗砂、中砂、细砂3种。我国生产的白砂糖，分为甜菜糖和蔗糖。对白砂糖的品质要求是：晶粒整齐、颜色洁白、干燥、无杂质、无异味，并且其水溶液味甜，溶于水形成清澈的溶液。

2）白糖粉

白糖粉是用细粒白砂糖加工制成的。其感官要求是味甜，无其他异味，晶粒洁白，细小绵软，不含带色糖块或其他夹杂物，能完全溶于水形成清澈的溶液。在点心制作中适于制作水分少或不用加温的产品和挤花材料。

3）赤砂糖

赤砂糖未经脱色精制，呈赤褐色或黄褐色，味甜而略带蜜糖味。甘蔗赤砂糖的总糖分不低于39.5%，水分不超过3.5%，其他不溶于水的杂质每千克不超过250 mg。赤砂糖价格较低，在制作点心时，通常溶解为糖水并经过滤后使用。

4）黄糖

黄糖（图2.14）又称片糖、青糖，属于土制糖，有红片糖与黄片糖之分。黄糖是由甘蔗汁

图2.14 片糖

直接蒸发制成，无明显的结晶粒，成块状，色泽呈棕黄色，或者红褐色及茶色，在制作点心时，一般需经溶化、过滤后方可使用。适于制作年糕、松糕、马蹄糕等点心。

5）冰糖

冰糖是比较纯净的蔗糖晶体，浅黄色半透明，味清甜。点心中多在甜水碗类中使用。如制作冰花燕窝、杏仁豆腐等。

6）饴糖

饴糖（图2.15）又称米稀或麦芽糖浆。以谷物为原料，利用淀粉酶或大麦芽，把淀粉水解为糊精、麦芽糖及少量葡萄糖制成。色泽淡黄而透明，能代替蔗糖使用。由于饴糖主要含有麦芽糖和糊精，而糊精的水溶液黏度较大，因此，饴糖可以作为点心中的抗晶剂。

图2.15　饴糖

但糊精含量多的饴糖对热的传导性不良。麦芽糖的熔点较低，在102～103 ℃，对热也稳定，因此，饴糖又可作为点心的着色剂。饴糖的持水性强，可保持食品的柔软性，可作面筋的改良剂。

7）淀粉糖浆

淀粉糖浆又称葡萄糖浆或化学稀，是由淀粉加酸或加酶水解制成，其主要成分是葡萄糖、麦芽糖、高糖（三糖和四糖等）和糊精。

葡萄糖是淀粉糖浆的主要成分，熔点为146 ℃，低于蔗糖，在点心中着色比蔗糖块。淀粉糖浆有还原性，故具有防止再结晶的功能。在挂明浆的产品中，淀粉糖浆是不可或缺的原料。结晶的葡萄糖吸湿性差，但极易溶于水，而葡萄糖溶液具有较强的吸湿性，这对食品在一定时间内保持质地松软有重要作用。与葡萄糖相反，固体麦芽糖吸湿性很强，而含水麦芽糖的吸水性并不大。淀粉糖浆含有一定量的麦芽糖，使其着色和抗结晶作用更加突出。

糊精是白色或微黄色的结晶体，呈粉末或微粒状，无甜味，几乎无吸湿性，能溶于水，在热水中发生胀润而糊化，具有极强的黏性。糊精在淀粉糖浆中的含量直接影响其黏度，同时，也间接地影响食品在加工过程中热的传导性。正是由于糊精具有较强的黏稠性，因而可以防止蔗糖分子的结晶返砂作用，以便点心在挂明浆方面保持长时间的透明光亮（例如冰花鸡蛋散等）。在点心制作中，甜度不大的淀粉糖浆用量越多，点心的明浆越不易返砂、变质。这主要是糖浆中糊精含量多的原因。

8）转化糖浆

蔗糖在酸的作用下能水解成葡萄糖和果糖，这种变化称为转化。

图2.16 转化糖浆

1分子葡萄糖与1分子果糖的混合物称为转化糖。含有转化糖的水溶液称为转化糖浆。

正常的转化糖浆为澄清的浅黄色溶液，具有特殊风味。其固形物为70%～75%，完全转化后的转化糖浆所生成的转化糖量可达全部固形物的99%以上。

转化糖浆（图2.16）应随用随配，不宜长时间贮存。在缺乏淀粉糖浆或饴糖的地区，可用转化糖浆代替。

转化糖浆可用于制作面包和饼干，在浆皮类月饼（如广式月饼）等软皮点心中可全部使用，也可用于点心馅料的调制。

9）果葡糖浆

果葡糖浆（图2.17）是淀粉经酶法水解制成的葡萄糖，再用异构酶将葡萄糖异构化制成甜度很高的糖浆。果糖是天然糖中最甜的糖，甜度为蔗糖的1.5倍，因该糖浆的组成为果糖和葡萄糖，故称果葡糖浆。

果葡糖浆在中式点心中可以代替蔗糖。它能直接被人体吸收，尤其对糖尿病、肝病、肥胖病等患者更为适用。目前，不少食品企业生产面包、月饼时，使用果葡糖浆代替砂糖。

图2.17 果葡糖浆

果葡糖浆可以在面包中全部代替蔗糖，特别是在低糖主食面包中使用更加有效，因为该糖浆的主要成分是葡萄糖和果糖，酵母可以直接利用，发酵速度快。果葡糖浆在面包中用量过多，即超过相当于15%蔗糖量时，发酵速度会降低，面包内部组织较黏、过软，咀嚼性变差。

3.2.2 糖的性质

1）甜度

甜度是糖的重要性质，但没有正确的物理、化学方法加以评定，目前主要是根据人的味觉来判断。

糖的甜度受若干因素的影响，特别是浓度。糖的浓度越高，甜度越大。不同糖品混合使用具有提高甜度的效果。

甜度没有绝对值，测量方法是在一定量的水溶液中加入能使溶液被尝出甜味的最少量糖。一般以蔗糖的甜度为100，其他糖与蔗糖比较，果糖为150，葡萄糖为70，麦芽糖为50，果葡糖浆为100，随着温度的变化甜度会随之发生变化。

2）溶解度

各种糖的溶解度不同，果糖最高，其次是蔗糖、葡萄糖。糖的溶解度随着温度升高而增大。冬季溶解糖时最好使用温水或开水。

3）结晶性质

蔗糖极易结晶，晶体能膨大生长。葡萄糖也容易结晶，但晶体很小。果糖则难结晶。淀粉糖浆是葡萄糖、低聚糖和糊精的混合物，不能结晶，并能防止蔗糖结晶。这种结晶的性质差别对点心的生产有着十分重要的意义。点心中淀粉糖浆的用量不能太高，因其甜度低，会冲淡蔗糖甜度。

4）吸湿性和保潮性

吸湿性是指在空气湿度较大的情况下吸收水分的性质。保潮性是指在较高湿度下吸收水分和在较低湿度下失去水分的性质。糖的这种性质对保持点心的柔软及贮存具有重要意义。蔗糖和淀粉糖浆的吸湿性较低，转化糖浆和果葡糖浆吸湿性高，故在点心中使用高转化糖和果葡糖浆。

葡萄糖经氧化生成的山梨醇（葡萄糖醇）具有良好的保潮性质，作为保潮剂在食品工业中应用广泛。

5）渗透压力

较高浓度的糖液能抑制许多微生物的生长，原因在于糖液的高渗透压强取了微生物菌体的水分，使其生长受到了抑制。因此，糖在食品中既可以增加甜味，又能起到延长保质期的作用。

糖液的渗透压力随浓度的增加而增加。单糖的渗透压力是双糖的两倍，因为在相同浓度下，单糖分子数量约为双糖的两倍。葡萄糖和果糖比蔗糖具有更强的渗透压力和更好的食品贮存效果。

不同微生物被糖液抑制生长的程度不同。50%的蔗糖溶液能抑制一般酵母生长。果葡糖浆的渗透压力较高，贮存性好，不易受杂菌感染而变质。

6）黏度

葡萄糖和果糖的黏度比蔗糖低。淀粉糖浆的黏度较高，可利用其黏度提高产品的稠度和可口性。例如：在搅打蛋白时加入熬好的糖液，就是利用其黏度来稳定气泡。其他产品中加入淀粉糖浆是利用其黏度来阻止蔗糖分子结晶。

7）焦糖化和褐色反应

焦糖化和褐色反应是点心着色的两个重要途径。

（1）焦糖化反应

焦糖化反应是指糖对热的敏感性。糖类在加热到熔点以上的温度时，分子之间互相结合形成多分子聚合物，并焦化成黑褐色的色素物质——焦糖。因此，把焦糖化控制在一定程度内，可使中式点心产生赏心悦目的色泽与风味。

不同的糖对热的敏感性不同。如糖的熔点为95 ℃，麦芽糖为102～103 ℃，葡萄糖为146 ℃，这3种糖对热非常敏感，易成焦糖。因此，上述三种糖含量较高的饴糖、转化糖浆、果葡糖浆、中性淀粉糖浆、蜂蜜等在点心、面包中使用时，常用作着色剂，在烘焙时着色最快。中式点心常用的蔗糖，熔点为183～186 ℃，对热的敏感性较低，着色不深。但由于酵母中的转化酶作用及面团的pH值较低，故蔗糖极易被水解成葡萄糖或果糖，从而提高焦糖化作用，使中式点心易于着色。

糖的焦糖化作用还与pH值有关。溶液的pH值低，糖的热敏感性

就低，着色作用差；反之pH值升高则热敏感性增强，如pH值为8，其速度比pH值为5.9时快10倍。因此，有些pH值极低的转化糖浆、淀粉糖浆在用于点心前，最好先将pH值调成中性，这样才有利于糖的着色反应。例如，在制作粤式月饼时，在配方中每500 g糖浆需加入碱水约20 g，目的就是调节月饼皮的pH值，以便加温过程中能够很快上色或上色良好。

（2）褐色反应

褐色反应也称美拉德反应，是指氨基化合物（如蛋白质、多肽、氨基酸及胺类）的自由氨基与羰基化合物（如酮、醛、还原糖等）的羰基之间发生的羰-氨反应。其最终产物是黄黑色的褐色物质，故称褐色反应。褐色反应是中式点心表皮着色的另一重要途径，也是中式点心产生特殊香味的重要来源。褐色反应除了产生色素物质，还产生某些挥发性物质，散发出中式点心特有的烘焙香味。这些挥发性物质的主要成分是乙醇、丙酮醛、丙酮酸、乙酸、琥珀酸、琥珀酸乙酯等。

影响褐色反应的因素有：温度、还原糖量、糖的种类、pH值。还原糖（葡萄糖、果糖）含量越多，褐色反应越强烈，故中性淀粉糖浆、转化糖浆、蜂蜜极易发生褐色反应。蔗糖因无还原性，不与蛋白质作用，故不起褐色反应，而起焦糖化反应。

8）抗氧化性

糖溶液具有抗氧化性，有利于油脂氧化酸败。这是因为氧气在糖溶液中的溶解量比在水溶液中大。同时，糖和氨基酸在烘焙中发生美拉德反应的棕黄色产物也具有抗氧化作用，可以同BHA媲美。

3.2.3 糖在点心中的工艺性能

1）改善点心的色、香、味、形

点心在较高温度下加温时，由于糖的焦化作用的褐色反应，可使点心表面呈金黄色或棕黄色，增加点心的甜味。此外，糖在点心中还起着骨架作用，能改善组织状态，使外形挺拔。

2）作为酵母的营养物质

在面包皮及酵母皮生产中加入一定量的糖，作为酵母发酵的主要能量来源，有助于酵母的繁殖或发酵。但点心的加糖量不宜过多，否则会抑制酵母的生长，延长发酵时间。

3）作为面团改良剂

面粉和糖都具有吸水性。当调制面团时，面粉中面筋蛋白质吸水胀润的第二步反应，是依靠蛋白质胶粒内部浓度造成的渗透压使水分子渗透到蛋白质分子中，增加吸水量，面筋大量形成，面团弹性增强，黏度相应降低。如果在面团中加入一定量的糖或糖浆，它不仅吸收蛋白质胶粒之间的游离水，同时会使胶粒外部浓度增加，使胶粒内部水分产生渗透压，从而降低蛋白质胶粒的胀润度，造成搅拌过程中面筋形成程度降低，弹性减弱。因此，糖在面团搅拌过程中起反水化作用。

糖对面粉的反水化作用，双糖比单糖作用大，因此加砂糖糖浆比加等量淀粉糖浆作用强烈。溶化的砂糖比糖粉的作用大，是因为糖粉在搅拌时虽然也逐渐吸水溶化，但此过程甚为缓慢和不完全。

糖不仅用来调节面筋的胀润度，使面团具有可塑性，还能防止点心收缩变形。

4）对面团吸水率及搅拌时间的影响

正常用量的糖对面团吸水率影响不大，但随着糖量的增加，糖的反水化作用越来越激烈。每增加1%的糖，面团吸水率反而降低0.6%。高糖面团若不减少水分或延长搅拌时间，则面团搅拌不足，面筋不能充分扩展，成品体积小，内部组织粗糙。因此，高糖配方的面包面团，搅拌时间要比低糖面团增加50％左右。故制作高糖面包时，最好使用高速搅拌机。

5）提高点心的贮存寿命

糖的高渗透压作用，能抑制微生物的生长和繁殖，从而增强点心的防腐能力、延长保质期。

由于糖具有吸水性和持水性，可使中式点心在一定时期内保持柔软。因此，含大量葡萄糖和果糖的各种糖浆不能用于酥类点心，否则，会因吸湿返潮而失去酥性口感。

6）提高营养价值

糖的发热量高，能迅速被人体吸收，每千克糖的发热量为14630～16720 kJ，可有效地消除人体的疲劳，补充人体的代谢需要。

【任务作业】

1. 糖的分类有哪些？列出中式点心常用糖与糖制品的种类。
2. 糖的性质有哪些？什么是糖的焦糖化作用？
3. 举例论述糖与糖制品作用于中式点心的性质与作用。

任务3 油脂

【任务描述】

油脂是制作中式点心必备的重要原材料，也是中式点心学习者必须掌握的知识点。不同的油脂，性质各不相同，对中式点心品质的影响也各不相同，特别是重油类点心，更需紧密结合油脂的性质才能制作出合格的成品。故掌握油脂的分类、性质及使用方法，对制作中式点心有着重大意义。

【学习目标】

1. 掌握中式点心使用油脂的种类、性质及品质鉴别。
2. 学会不同的油脂应用于不同性质的点心。
3. 引导学生从职业角度出发学习油脂的选择，时刻牢记食材的选择对人民身体健康的影响，从而养成一心一意为人民服务的思想，并且在原料选择方面优先选择国产油脂，培养浓厚的爱国主义情怀。

【任务实施】

油脂是油与脂的总称，一般将常温下呈液态的称为油，呈固态的称为脂。由于很多油脂会随温度变化而改变形态，因此，不宜严格划分为油或脂而统称为油脂。天然油脂是由甘油与脂肪酸所组成的三甘油酯。按照组成油脂脂肪酸的种类不同，分为简单三甘油酯与复杂三甘油酯。天然油脂多属复杂三甘油酯。在油脂中，脂肪酸所占的比例最大，因此脂肪酸在很大程度上决定着油脂的性状。例如，在液态油中油酸甘油酯占多数，在固态脂中硬脂酸或软脂酸甘油酯占多数。油脂中的脂肪酸有饱和脂肪酸、不饱和脂肪酸和游离脂肪酸。

油脂是点心制作的主要原料，例如牛油戟、曲奇、重油蛋糕类等点心中的用量达到50%以上。油脂不仅为点心增加了风味，改善了点心的结构、外形及色泽，提高了点心的营养价值，而且在油炸类点心中，油脂还作为一种加热介质被广泛运用于点心制作中。

3.3.1 点心中常用的油脂

点心中常用的油脂有植物油、动物油、人造奶油、起酥油等。

1）植物油

植物油是经植物种子加工而成，品种较多，常见的有大豆油、芝麻油、葵花籽油、菜籽油、花生油、椰子油、色拉油、玉米油、棕榈油等。植物油主要含有不饱和脂肪酸，营养价值高于动物油，但加工性能不如动物油脂或固态油脂。

（1）大豆油

大豆油是我国东北所产的主要油脂。大豆油中亚油酸含量高，不含胆固醇，是一种品质上佳的营养食用油，消化率高达95%，长期食用对人体动脉硬化有预防作用。大豆油的起酥性比动物油或固态油差，颜色较黄，并且有大豆油特有的豆腥味，故使用效果不理想。东北地区常用于面包生产。

（2）芝麻油

芝麻油具有特殊的香气，俗称香油。芝麻油根据加工的精度不同分为小磨麻油和大槽油两种，其中小磨麻油香气醇厚，品质最佳。芝麻油含有芝麻酚，是芝麻油重要的香气成分，并具有抗氧化作用，故芝麻油比其他植物油不易酸败。

芝麻油价格较昂贵，多用于高档点心的馅料，也可用于点心的皮料作为增香剂。

（3）葵花籽油

葵花籽油是当今世界上消费仅次于大豆油的食用油脂。葵花籽油具有诱人的清香味，而且含有丰富的营养物质。亚油酸的含量高于大豆油、花生油、棉籽油、芝麻油。高浓度的亚油酸在营养学上具有重要意义。

葵花籽油还含有丰富的维生素E，约0.12%；含胡萝卜素约0.045%；含植物甾醇约0.4%；含磷脂约0.2%。这些成分能与亚油酸相互作用，进一步增强亚油酸降低胆固醇的功效。故在植物油中葵花籽油具有较高的降低胆固醇的功能。

（4）菜籽油

菜籽油是从油菜籽中提取出来的油脂。除东北地区外，全国各地均有生产，其中以长江和珠江流域各省较多。

菜籽油中芥酸和油酸含量高，饱和脂肪酸（棕榈酸、硬脂酸等）含量较低。菜籽油由于具有特有的腥味，因此在点心制作中一般使用经过脱腥处理后的色拉油。

（5）花生油

花生油是从花生中提取出来的油脂。我国华北、华东等盛产花生的地区多用花生油作为点心的油脂原料。

花生油的重要特征是饱和脂肪酸含量较高，达13%～22%，特别是含有高分子脂肪酸，如花生酸和木焦油酸。因此，在我国北方，春、夏、秋季花生油为液态，冬季则成为白色半固体状态。故花生油是人造奶油的良好原料。因为花生油质地清澈、润滑、有光泽、味清香，并且能够遮盖馅料中的腥味，所以在点心制作中运用较广，经常用于油炸类点心的加热介质。

（6）椰子油

椰子油是椰子果实中提取出来的油脂。在常温下呈固态，熔点为24～27℃，经氢化后可提高至45℃左右，这与其含有大量的低分子饱和脂肪酸有关。椰子油在点心中多代替人造奶油使用。

椰子油的独特之处在于，当温度升高时并不马上软化，而是在若干度的温度范围内，由脆性固体转化为液体。这种现象与其脂肪酸构成有关。椰子油的不饱和度较低，故氧化酸败较慢。

（7）棕榈油

棕榈油原产于非洲西部，是世界最高产、使用最广泛的油脂。改革开放后，我国每年从马来西亚等东南亚国家进口大量的棕榈油。

棕榈油目前主要作为食品工业的原料油。它是一种半固态油脂，饱和脂肪酸含量在50%以上，不饱和脂肪酸在45%左右。棕榈油是经过精炼分提、加工制成的液体或固体油脂，根据用户不同的要求，进行脱脂、脱酸、脱臭、脱氧、脱色、脱味等工艺处理，加工出低、中、高不同熔点等级的食用油。棕榈油的性能及特点有以下三方面：一是油质好。最突出的特点是发烟点高，稳定性好，使用时间长，不易氧化，气味清淡，无异味，耐贮性能更佳，特别适合于油炸点心的制作。二是用途广。棕榈油是油炸点心类、方便面及其他油炸类食品的最理想加热介质之一，还可以制成人造奶油、起酥油、烹调用油和凉拌油等。三是营养价值高。棕榈油含有丰富的维生素A（类胡萝卜素含量为0.5～1 mg/kg，维生素E（即生育酚，含量为0.5～7 mg/kg），磷脂（含量为0.5～0.7 mg/kg）及谷甾醇（含量为0.18～0.2 mg/kg）。

用棕榈油制成多层次的人造奶油是生产起酥面包及点心，即丹麦式点心的理想油脂。由于该油脂比较坚韧和可塑性强，易于在面团中均匀分布进而使面团分成多个层次，从而导致点心呈现出多层次状态。此外，在烘焙过程中，也易很快溶解，细薄的油层阻止了点心中水分的蒸发，从而形成了点心的分离和清晰、松软的层次。

（8）玉米油

玉米油又称玉米胚芽油，是从玉米胚芽中榨取出来的植物油。外国人对玉米油极为青睐，该油香气宜人、清淡，味道好，无刺激性气味，容易消化和吸收，货架寿命长，具有较高的营养价值。目前，玉米油在国内外受到高度重视和广泛的应用。玉米油含有人类必需的、营养价值较高的亚油酸和维生素E，是一种营养保健油脂。玉米油的特点如下：

必需脂肪酸含量高。玉米油含亚油酸、亚麻酸，对大多数人来说，每天食用一汤匙玉米油（约15 g）就可以满足人体一天必需的脂肪酸的需要。

玉米油不含胆固醇。玉米中的脂肪酸主要是不饱和脂肪酸，长期食用玉米油可以防止心血管疾病，改善血脂代谢，减少对动物脂肪的饱和脂肪酸和胆固醇的吸收，阻止人体血清中胆固醇沉淀，防止动脉硬化、角膜炎、夜盲症等疾病。因此，玉米油特别适合中老年人食用。

玉米油可以降低血压。玉米油中的多聚不饱和脂肪酸对降低血压，防止高血压、冠心病有一定效果。其中，亚油酸、亚麻酸和花生四烯酸（在人体内由亚油酸合成）是人体前列腺素的前体。前列腺素是一类激素，对人体特别是心血管方面，具有重要生理功能，可促进血液循环，减少周围阻力，促进血管舒张。此外，前列腺素还能促进钠盐的排出。

玉米油与生育酚。生育酚也就是维生素E，是一种天然抗氧化剂，可以防止精制玉米油在贮运过程中氧化腐败。精制后的玉米油保持着原有80%的生育酚。生育酚具有强大的活性，可以促进新陈代谢，推迟细胞衰老。可用于延缓早衰，减轻性腺萎缩，防止动脉硬化及女性不育症。

玉米油可用于人造奶油、起酥油、色拉油、调味油、炸油、快餐食品、中式点心、家庭烹调等方面。

2）动物油

在点心制作中常用的动物油有黄油、猪油、鸡油、羊油和牛油等。

（1）黄油

黄油（图2.18）又称奶油或白脱油，是从牛乳中分离加工制成的。因有特殊的芳香气

味和营养价值而受到人们的普遍
欢迎。丁酸是黄油特殊芳香味的
主要来源。黄油含有较多的饱
和脂肪酸甘油酯和磷脂，它们
是天然乳化剂，使黄油具有良
好的稳定性。在加工过程中充
入1%～5%的空气，使黄油具有
一定的硬度和可塑性，适于西
式点心的装饰和保持点心外形的
完整。

图2.18 黄油

黄油的熔点为28～34 ℃，
凝固点为15～25 ℃。在常温下呈固态，在高温下软化变形，这是黄
油的最大弱点。

黄油在高温下易受细菌和霉菌的污染，其中的酪酸首先被分解而
产生异味。黄油中的不饱和脂肪酸易被氧化而酸败，高温和光照也会
促进黄油的氧化。因此，黄油应在冷藏库或冰箱中贮存。

（2）猪油

猪油（图2.19）在中式点心中的用量很大，使用很普遍。精制的
猪油色泽洁白，可塑性强，起酥性好，制成品品质细腻、口味肥美。

在面包中添加4%的精制
猪油，相当于添加0.5%硬
脂酰-2-乳酸钠乳化剂的
效果。

（3）牛、羊油

牛、羊油都有特殊气
味，需经熔炼脱臭后方能
使用。这两种油熔点高，
牛油为40～46 ℃，羊油为
43～55 ℃，可塑性强，起
酥性较好，在欧洲国家大

图2.19 猪油

量用于起酥类点心，便于成形和操作。但熔点高于人的体温，故不易
消化。

3）氢化油

氢化油也称硬化油。油脂氢化就是将氢原子加到动、植物油不饱
和脂肪酸的双键上，生成饱和度和熔点较高的固态酸性油脂。油脂氢
化的目的如下。

①使不饱和脂肪酸变为饱和脂肪酸，提高油脂的饱和度和氢化
稳定性。

②使液态油变为固态油，提高油的可塑性。

③提高油脂的起酥性。

④提高油脂的熔点，有利于加工和操作。

氢化油很少直接食用，多用作人造奶油、起酥油的原料。

氢化油多采用植物油和部分动物油为原料，如棉籽油、葵花籽油、大豆油、花生油、椰子油、牛油等。

食用氢化油必须具备以下特性：在常温下具有可塑性，在高温下能迅速熔化，不含高熔点成分，即在较高温度下固体脂肪指数的温度梯度较大。食用氢化油不仅要控制氢化程度，还要掌握氢化反应的条件与过程，使产品中的脂肪酸组成与结构符合不同食用油脂的需要。例如，从食品的营养要求来讲，油脂中的亚油酸含量要高，饱和脂肪酸及不饱和异构酸含量要低；从油脂的氢化稳定性来讲，油脂中不饱和脂肪酸要少，尤其是亚麻酸等高度不饱和脂肪酸含量要低；从油脂的可塑性范围来讲，需用不同氢化油进行油脂配合才能取得所需的塑性范围。由此可见，食用氢化油的性能要求复杂，与之相应的生产工艺条件也十分复杂，要结合原料油脂的种类、性质及成品氢化油的要求，选用最适当的氢化工艺条件，才能取得满意的效果。

4）人造奶油

人造奶油（图2.20）又称麦淇淋，是目前点心业使用较广泛的油脂之一。人造奶油是以氢化油为主要原料，添加适量的牛乳或乳制品、色素、香料、乳化剂、防腐剂、抗氧化剂、食盐和维生素，经混合、乳化等工序制成。它的软硬度可根据各成分的配比来调整。乳化性能和加工性能比奶油更好，是奶油的良好代用品。

图2.20 人造奶油

人造奶油的种类较多，用于点心食品的有以下几种。

（1）面包用人造奶油

面包用人造奶油既可以加入面包面团中，也可以进行面包的装饰和涂抹。例如，加入甜面包、咸面包等各种大小面包中；涂抹在烤面包片上；作为起酥面包的起层涂抹用油。面包用人造奶油可以缩短面团的发酵和醒发时间，降低面团黏性使之有利于操作；可以改善面包品质，使组织更加均匀、松软，体积增大，延长面包保鲜期，并使面包具有奶油风味。涂抹在面包上的人造奶油，应易于涂抹，在口内易于溶化，味道应与奶油相似。加入面团内的人造奶油应具有良好的乳化性。

（2）起酥品种用人造奶油

起酥品种用人造奶油用于酥层产品如千层酥、岭南酥皮、起酥面包等的包油起层，与起酥面包相似。起酥品种的面团一般较软，延伸性好，所以要求人造奶油熔点要高，可塑性要好。如果人造奶油太软，在包油、折叠时无法形成层次，而且易于熔化，渗入面团内，失去起层效果，行内称为"乱酥"。如果人造奶油太硬或太脆，在包油、折叠时易穿破面团，行内称为"穿酥"。

（3）通用人造奶油

通用人造奶油是一类适用性很强的人造奶油，可用于面包、蛋糕、饼干、裱花装饰等各种食品。在任何气温下都具有良好的可塑性和充气性，一般熔点较低，可塑性范围广。

学习笔记

5）起酥油

起酥油是指精炼的动、植物油脂，氢化油或油脂混合物，经混合、冷却塑化而加工制成的具有可塑性、乳化性等性能的固态或液态的油脂产品。起酥油是食品加工的原料油脂，不能直接食用，因此，必须具备各种食品加工性能。起酥油与人造奶油的主要区别在于起酥油中没有水分。

起酥油的品种很多，几乎可以适用于所有食品，其主要用途是加工点心、面包、饼干。国外常用起酥油加工油炸品。

（1）通用型起酥油

通用型起酥油应用范围广，但主要用于加工面包和饼干等。这类油脂的塑性范围可根据季节来调整其熔点，冬季为30 ℃左右，夏季为42 ℃左右。

（2）乳化型起酥油

乳化型起酥油含乳化剂较多，具有良好的乳化性、起酥性和加工性能。适用于重油类点心及面包、饼干。可增大中式点心的体积，不易老化，松软、口感好。

（3）高稳定型起酥油

高稳定型起酥油可以长期保存，不易氧化变质，适用于加工饼干及油炸食品。全氢化植物起酥油多属此类型。

（4）液体起酥油

为了适应运输合理和中式点心、饼干加工自动化、连续化的需要，产生了适于中式点心、饼干等用途的液体起酥油。这种起酥油以食用植物油为主要成分，添加了适量的乳化剂和高熔点的氢化油，混合成为具有加工性能、呈乳白色，并具有流动性的油脂。乳化剂在液体起酥油中作为面包的面团改良剂并使组织绵软。

3.3.2 油脂在点心中的工艺性能

1）油脂的起酥性

起酥性是油脂在点心制作中的重要作用之一。在调制酥性食品时，加入大量油脂后，由于油脂的疏水性，限制了面筋蛋白质的吸水作用。面团中含油越多吸水率越低，一般每增加1%的油脂，面粉吸水率相应降低1%。油脂能覆盖于面粉的周围并形成油膜，除了降低面粉吸水率限制面筋形成，还因油脂的隔离作用，使已形成的面筋不能互相黏合而形成大的面筋网络，也使淀粉和面筋之间不能结合，从而降低面团的弹性和韧性，减小面团的塑性。此外，油脂能层层分布于面团中，起润滑作用，使面包、点心、饼干产生层次，口感酥松，入口易化。

对面粉颗粒表面积覆盖最大的油脂阻碍了面筋网络的形成，具有最佳的起酥性。影响油脂起酥性的因素如下。

①固态油比液态油的起酥性好。固态油中饱和脂肪酸占绝大多数，稳定性好。固态油的表面张力较小，油脂在面团中呈片状、条状分布，覆盖面粉颗粒表面积大，起酥性好，而液态油表面张力大，油

脂在面团中呈点状、球状分布，覆盖面粉颗粒表面积小，并且分布不均匀，故起酥性差。因此，制作起层食品时必须使用奶油、人造奶油或起酥油。在制作一般酥类点心时，猪油的起酥性非常好。

②油脂的用量越多，起酥性越好。

③温度影响油脂的起酥性。因油脂的固体脂肪指数和可塑性与温度密切相关，而可塑性又直接影响油脂对面粉颗粒的覆盖面积。

④鸡蛋、乳化剂、乳粉等原料对起酥性起辅助作用。

⑤油脂与布置和搅拌混合的方法及程度要恰当，乳化要均匀，投料顺序要正确。

2）油脂的可塑性

可塑性是人造奶油、奶油、起酥油、猪油的最基本特性。固态油在点心、饼干、面团中能呈条状、薄膜状分布，就是由可塑性决定的，而在相同条件下液态油可能分散成点状、球状。因此，固态油要比液态油能润滑更大面团的表面积。用可塑性好的油脂加工面团时，面团的延展性好，点心的质地、体积和口感都比较理想。

可塑性是指油脂在外力作用下可以改变自身形状，甚至可以像液体一样流动的性质。例如，将奶油抹在面包片上，奶油中必须包括一定的固体脂肪和液体油。固态脂以极细的微粒分散在液态油中，由于内聚力的作用，液体不能从固态脂中渗出。固体微粒越细、越多，可塑性越小；固体微粒越粗、越少，可塑性越大。因此，固态油和液态油的比例必须适当才能得到理想的食品加工可塑性，这就是某些人造油脂比天然固态油具有更好加工性能的原因。

油脂的可塑性还与温度有关。温度升高，部分固体脂肪熔化，油脂变软，可塑性变大；温度降低，部分液态油固化，未固化的液态油黏度增加、油脂变硬，可塑性变小。

3）固体脂肪指数（SFI）

固态油如人造奶油、起酥油，在一定温度下都含有一定比率的固态脂和液态油。油脂的起酥性、可塑性、稠度及塑性范围等重要性质都与其中固体脂肪的含量、结晶体以及同质多晶现象等因素有关，其中，以固体脂肪含量最为关键。

SFI值为40~50时油脂过硬，基本没有可塑性；SFI值＜5时油脂软，接近液态油。人造奶油与起酥油的SFI值一般为15~20，此时具有较好的起酥性、可塑性等加工性能。

4）熔点

固体脂肪变为液态油的温度称为油脂的熔点。熔点是衡量油脂起酥性、可塑性和稠度等加工特性的重要指标。油脂的熔点既影响其加工性能又影响人体的消化吸收。例如，牛、羊油中含有较多的高熔点饱和三酸甘油酯。这类脂肪食用时不但口溶性差，风味欠佳，而且熔点高于40 ℃，不易为人体消化吸收。因此，现多将牛、羊油与液态油混合，经过酯交换反应，不但使熔点下降，还改善了口感，也提高了在人体内的消化吸收率。

一般来说，用于点心制作的固态油脂的熔点最好为30~40 ℃。

5）油脂的充气性

油脂在空气中经高速搅拌起泡时，空气中的细小气泡被油脂吸入，这种性质称为油脂的充气性。充气性是点心、饼干、面包加工的重要性质。油脂的充气性对食品质量的影响主要表现在酥类点心和饼干中。在调制酥类点心面团时，首先要搅打油、糖和水，使之充分乳化。在搅打过程中，使油脂结合一定量的空气。油脂结合空气的量与搅打程度和糖的颗粒状态有关。糖的颗粒越细，搅拌越充分，油脂中结合的空气就越多。当面团成型后进行烘焙时，油脂受热流散，气体膨胀并向两相的界面流动。此时由化学疏松剂分解释放的二氧化碳及面团中的水蒸气，也向油脂流散的界面聚结，面团碎裂成为片状或椭圆形的多孔结构，使成品体积膨大、酥松。添加油脂的面包组织均匀细腻，质地柔软。

油脂的充气性与自身成分有关。起酥油的充气性比人造奶油好，猪油的充气性较差。此外，还与油脂的饱和程度有关，油脂的饱和程度越高，搅拌时吸入的空气量越多。

6）油脂的乳化性

油属于非极性化合物，而水属于极性化合物。根据相似相溶原则，这两类物质互不相溶。但在中式点心制作中经常出现油和水混合的问题。如果在油脂中添加一定量的乳化剂，则有利于油滴在水相中的稳定分散，或水相均匀地分散在油相中，使加工成品组织酥松，体积大，风味好。因此，添加了乳化剂的起酥油、人造奶油最适宜制作重糖、重油类点心和饼干。

7）油脂的润滑作用

油脂在面包中最重要的作用就是作为面筋和淀粉之间的润滑剂。油脂能在面筋和淀粉的分界面上形成润滑膜，使面筋网络在发酵过程中的摩擦阻力减小，有利于膨胀，增加了面团的延伸性，增大了面包体积。固态油的润滑作用优于液态油。

8）油脂的热学性质

油脂的热学性质主要表现在油炸点心方面。油脂在油炸点心时，既是加热介质又是油炸食品的营养成分。油脂能将热量迅速而均匀地传到点心的表面，使点心很快熟化。同时，还能防止食品表面即速干燥和可溶性物质流失。油脂的这些特点主要是由自身的热学性质决定的。

（1）油脂的热容量

油脂的热容量是指单位质量的油脂温度每升高1 ℃所需的热量，一般用J/g·℃表示，水的热容量为4.18 J/g·℃。由此可见，在供给相同热量和相同质量的情况下，油比水的温度可提前升高一倍。因此，油炸食品要比水煮或蒸制点心熟制时间短。

油脂的热容量与脂肪酸有关。液态油热容量随脂肪酸链长的增加而增高，随不饱和度的降低而减小。固态油的热容量很小。油脂的热容量随温度升高而增加，在相同温度下，固态油的热容量小于液态油。

（2）油脂的发烟点、闪点和燃点

发烟点：油在加热过程中开始冒烟的最低温度。

闪点：油在加热时有蒸汽挥发，其蒸汽与明火接触瞬间发生火光而又立即熄灭时的最低温度。

燃点：发生火光而继续燃烧的最低温度。

油脂的发烟点、闪点和燃点均较高。发烟点通常为233 ℃，闪点为329 ℃，燃点为363 ℃。游离脂肪酸含量越高，发烟点、闪点和燃点就越低。因此，应选用游离脂肪酸少、发烟点等较高的油脂。

3.3.3 不同点心对油脂的选择

1）面包对油脂的选择

面包用油脂可选用猪油、乳化起酥油、面包用人造奶油、面包用液体起酥油。这些油脂在面包中能够均匀地分散，润滑面筋网络，增大面包体积，增强面团持气性，不影响酵母发酵力，有利于面包保鲜。此外，还能改善面包内部组织、表皮色泽，使之口感柔软，易于切片等。

2）其他点心用油的选择

（1）混酥类点心

由于酥类点心一般具有体积膨大、口感酥松等特点，因此，需选用起酥性好、充气性强、稳定性高的油脂，如猪油、氢化油、起酥油等。

（2）层酥类点心

由于层酥类点心要求层次良好，口感松化酥口，并且体积膨松，因此需选用起酥性好、熔点高、可塑性强、涂抹性能好的固态油脂，如高熔点的人造奶油等。

（3）油炸类点心

由于油炸类点心一般需用较高温度来加温，故需选用发烟点较高、热稳定性较好的油脂，如大豆油、花生油、菜籽油、棕榈油、氢化起酥油等。但含有下列成分的油脂不宜作为油炸用油：

①含乳化剂的起酥油、人造奶油。

②添加了卵磷脂的油脂。

③月桂酸甘油酯型油脂，如椰子油、棕榈仁油等。

（4）蛋糕用油脂

由于蛋糕含有较高的糖、牛乳、鸡蛋、水分等，因此适宜选用含有高比例乳化剂的高级人造奶油或液态、固态起酥油。

【任务作业】

1. 中式点心制作中常用的油脂有哪些？

2. 油脂有哪些性质？

3. 举例说明油脂的充气性在中式点心中的应用。

任务❹ 蛋与蛋制品

【任务描述】

蛋与蛋制品是生产中式点心必备的重要原材料之一，是中式点心学习者必须掌握的知识点。对于物理性膨松点心来讲，蛋白的性质是应用的重要元素之一，因此，掌握蛋与蛋制品的性质及应用对制作中式点心有重大意义。

【学习目标】

1. 掌握鸡蛋的组成、性质及蛋与蛋制品的品质鉴别。

2. 学会用蛋白性质来解释物理性膨松点心的膨松原理。

3. 引导学生从职业角度出发学习蛋与蛋制品的选择，时刻牢记食材的选择对人民身体健康的影响，从而养成一心一意为人民服务的思想，并且在原料选择方面优先选择国货产品，培养浓厚的爱国主义情怀。

【任务实施】

蛋与蛋制品是生产中式点心必备的重要原料之一，尤其是蛋面皮、蛋糕等用蛋量很大。蛋品对中式点心生产工艺以及改善点心的色、香、味、形和提高营养价值等方面都起着一定的作用。

鲜蛋包括鸡蛋、鸭蛋、鹅蛋等，在中式点心中应用最多的是鸡蛋。这里主要介绍鸡蛋。

3.4.1 鸡蛋的结构及组成

鸡蛋由蛋壳、蛋白、蛋黄3个部分构成。各构成部分的比例，因产蛋季节、鸡的品种、饲养条件等不同而异。一般来说，蛋壳占10%，蛋黄占30%，蛋白占60%。蛋液含固形物约25%，含水分约75%。

1）蛋白的物理特性和化学成分

蛋白是一种白色半透明的黏性半流动体，无细胞组织，其中含固形物约12%，常呈碱性，pH值为7.2~7.6。

蛋白由浓厚蛋白与稀薄蛋白组成，分3层，外层为稀薄蛋白，中间为浓厚蛋白，内层为稀薄蛋白。鸡蛋越新鲜，浓厚蛋白就越多，随着储存时间的延长，在酶的作用下，浓厚蛋白逐渐减少，稀薄蛋白逐渐增加。

蛋白中的蛋白质有卵白蛋白、伴白蛋白、卵球蛋白、卵黏蛋白和卵类黏蛋白5种。前3种为简单蛋白质，后两种为结合蛋白质。这些蛋白质含有必需的氨基酸，消化吸收率在50%以上。

浓厚蛋白中主要含有卵白蛋白，稀薄蛋白中主要含有卵白蛋白和

卵球蛋白。

蛋白中的碳水化合物主要有葡萄糖，为41%～69%，其他糖含量极少。

蛋白的维生素和色素含量很少，含有适量的微量元素。

蛋白含有蛋白酶、淀粉酶、二酰酶，还含有抗胃蛋白酶、抗胰蛋白酶及溶菌酶。溶菌酶具有杀菌作用，该酶在蛋白与蛋黄混合时丧失杀菌能力。

2）蛋黄的物理特性与化学成分

蛋黄是浓稠不透明而呈半流动的乳状液，含固体物约50%，为蛋白的4倍，其组合成分比蛋白复杂得多。pH值为6～6.4，呈酸性。

蛋黄包括浅色蛋黄、深色蛋黄、胚胎3个部分。浅色蛋黄含量高，约占全蛋黄的95%。

在蛋黄与蛋白之间有一层膜将二者分开，并包围着蛋黄，称为蛋黄膜。蛋黄与蛋白的化学成分除了有机和无机部分，水分的含量相差很大，蛋白含水分约88%，蛋黄含水分约58%，因此，两者之间溶解性盐类的多少会起渗透压作用。贮存较久的蛋，蛋黄水分逐渐增高，而蛋白水分逐渐减少，就是因为蛋白中的水分，有一部分由渗透作用渗入蛋黄所致。

蛋黄的主要化学成分为蛋白质15.6%，脂肪29.82%，糖类0.48%，其他成分为水分、无机盐、蛋黄素以及维生素等。

蛋黄中的蛋白质主要是卵黄蛋白与卵黄球蛋白，卵黄蛋白称为卵磷蛋白质（与蛋白质磷脂肪质结合），卵黄球蛋白称为水溶性蛋白。这些蛋白质中含有丰富的必需氨基酸，消化率在95%以上。

蛋黄中的脂肪含量为30%～33%，其中包括10%～12%的磷脂质。脂肪是由各种脂肪酸构成的混合三甘油酯，蛋黄内的脂肪在室温下是橘黄色的半流动液体。

磷脂是结合脂肪，具有亲水和亲油的双重属性，其主要成分是卵磷脂、脑磷脂、神经磷脂和糖脂质等。除结合脂肪外，还有衍化脂肪，其主要成分是胆固醇。卵磷脂也称蛋黄素，在蛋黄中含量较多。磷脂特别是卵磷脂中的胆碱和乙酸作用后可生成乙酰胆碱，乙酰胆碱是神经的传导体，故对人体的大脑和神经组织的发育有重要意义。

蛋黄中的碳水化合物以葡萄糖为主，约占12%。首先矿物质以磷为最多，其次为氧化钾、氧化钙，还含有其他微量元素。

蛋黄含有丰富的维生素，鲜蛋的维生素主要附着于蛋黄中。蛋黄含有脂溶性的维生素A、维生素D、维生素E、维生素K，水溶性的B族维生素、维生素C。

蛋黄还含有丰富的色素，脂溶性色素多于水溶性色素。脂溶性色素有胡萝卜素、叶黄素；水溶性色素有核黄素。由于蛋黄中含有大量的胡萝卜素和核黄素，故呈黄色。

蛋黄含有二肽酶、淀粉酶、脂肪酶等，不含溶菌酶。

3.4.2　蛋在中式点心生产中的工艺性能

1）蛋的pH值

新鲜蛋白液的pH值为7.2～7.6，蛋黄液的pH值为6.0～6.4，全蛋呈中性。在贮存中随着二氧化碳的蒸发，蛋液的pH值不断升高。在生产中，通过pH值可以判别蛋液的新鲜程度。

2）蛋的相对密度

鲜蛋的相对密度为1.07～1.09，其中蛋白液的相对密度为1.045，蛋黄液的相对密度为1.028～1.029，胚胎的相对密度为1.027，随着贮存过程中养分的消耗、二氧化碳的蒸发，相对密度逐渐下降，故陈蛋的相对密度降低。多采用盐水溶液来鉴别蛋的新鲜程度。

3）蛋的冰点

蛋的冰点取决于它的化学成分，一般认为，蛋白液的冰点为-0.48 ℃；蛋黄液的冰点为-0.58 ℃；带壳蛋贮藏的适宜温度为-1.5~2 ℃，温度过低，易将蛋壳冻裂。

4）蛋白的起泡性

蛋白是一种亲水胶体，具有良好的起泡性，在点心生产中具有重要意义，特别是在西点的装饰方面，蛋白经过强烈的机械搅打，蛋白薄膜将混入的空气包围起来形成泡沫，由于受表面张力制约，迫使泡沫成为球形，由于蛋白胶体具有黏度，和加入的原材料附着在蛋白泡沫层四周，使泡沫层变得浓厚坚实，增强了泡沫的机械稳定性，点心在烘焙时，泡沫内的气体受热膨胀，增大了点心体积，这时蛋白质遇热变性凝固，使点心疏松多孔并具有一定的弹性和韧性，因此，蛋在点心、面包中起着膨胀、增大体积的作用。

黏度对蛋白的稳定性影响很大，黏度大的物质有助于泡沫的形成和稳定。因为蛋白具有一定的黏度，所以打起的蛋白泡沫比较稳定。在打蛋白时常加入糖，是因为糖具有黏性，同时糖还具有化学稳定性。需要指出的是，葡萄糖、果糖和淀粉糖浆都具有还原性，在中性和碱性环境下化学性质不稳定，受热易与蛋白质等含氧物质起羰氨反应产生有色物质。蔗糖不具有还原性，在中性和碱性环境下化学稳定性高，不易与含氮物质起反应生成有色物质。故打蛋白时不宜加入葡萄糖、果糖和淀粉糖浆，要使用蔗糖。

油是消泡剂，因此打蛋白时不能碰上油。蛋黄和蛋清分开使用，就是因为蛋黄中含有油脂的缘故。油的表面张力很大，而蛋白气泡膜很薄，当油接触到蛋白气泡时，油的表面张力大于蛋白膜本身的延伸力而将蛋白膜拉断，气体从断口处冲出，气泡立即消失。

另外，pH值对蛋白泡沫的形成和稳定性影响很大。白蛋白在pH值为6.5~9.5时形成泡沫很强但不稳定，在偏酸性的情况下气泡较稳定。打蛋白时加入酸或酸性物质，就是调节蛋白的pH值，破坏等电点。因为等电点的蛋白黏度最低，蛋白不起泡或气泡不稳定。酸性磷酸盐、酸性酒石酸钾、醋酸及柠檬酸较为有效。

温度与蛋白气泡的形成和稳定有直接关系。新鲜蛋白在30 ℃时起泡性能最好，黏度也最稳定，温度太高或太低均不利于蛋白的起泡。夏季温度较高，有时到30 ℃，最佳温度也打不起泡，但放到冰箱一会儿反而能打起泡，这是为什么呢？因为夏季的温度为30 ℃，那么鸡蛋本身的温度也为30 ℃，在打蛋过程中，搅拌机的高速旋转与蛋白形成摩擦，产生热量，会使蛋白的温度超过30 ℃，自然发泡性不好。放置冰箱一会儿，温度降下来自然能打起泡。

蛋白质量直接影响蛋白的起泡。鲜蛋浓厚蛋白多，稀薄蛋白少，故起泡性好；反之，陈蛋起泡性差。特别是长期贮存或变质的蛋起泡性最差。因为这两种蛋中蛋白质被微生物破坏，氨基酸肽氮多，蛋白少，故起泡性差。

学习笔记

5）蛋黄的乳化性

蛋黄中含有许多磷脂，磷脂具有亲油和亲水的双重性质，是一种理想的天然乳化剂，能使油、水和其他材料均匀地分布，促进点心的组织细腻，质地均匀，疏松可口，具有良好的色泽，使点心保持一定的水分，在贮存期保持柔软。

蛋黄含磷脂最多。目前，国内外中式点心工业都使用蛋黄粉来生产中式点心和饼干。蛋黄粉既是天然乳化剂，又是人类的营养物质。在使用前，可将蛋黄粉和水按1∶1的比例混合，搅拌成糊状，再添加到面团或面糊中。

6）蛋的凝固性

蛋白对热极为敏感，受热后凝结变性。温度在54～57 ℃时，蛋白开始变性，60 ℃时变性加快，在受热过程中急速搅动蛋白可以防止蛋白变性。蛋白内加入高浓度的砂糖能提高蛋白的变性温度。当pH值为4.6～4.8时变性最佳最快，因为这是蛋白的主要成分白蛋白的等电点。

蛋液在凝固前，其极性基和羟基、氨基、羧基等位于外侧，能与水互相吸引而溶解，当加热到一定温度时，原来联系肽键的弱键断裂，肽键由折叠状态转呈伸展状态。整个蛋白质分子结构由原来的立体状态变成长的不规则状态，亲水基由外部转到内部，疏水基由内部转到外部。很多这样的变性蛋白质分子互相撞击而相互贯穿缠结，形成凝固物体。这种凝固物体经高温烘焙便失水成为带有脆性的凝胶片。故在中式点心表面涂一层蛋液，使色泽光亮，增加了外形美。

7）改善中式点心的色、香、味、形和营养价值

在中式点心的表面涂一层蛋液，经烘焙后呈漂亮的红褐色，这是羰氨反应引起的褐变作用，即美拉德反应。配方中有蛋液加入的面包、点心，熟制后具有特殊的蛋香味，并且结构疏松多孔、体积膨大而柔软。

鸡蛋中含有丰富的营养成分，提高了面包、点心的营养价值。此外，鸡蛋、乳品在营养上具有互补性。鸡蛋含铁相对较多，含钙较少；而乳品含钙相对较多，含铁较少。因此，在中式点心、饼干中将鸡蛋和乳品混合使用，在营养上可以互补。

【任务作业】

1. 鸡蛋主要由哪几部分构成？各部分的占比是多少？
2. 蛋与蛋制品的性质有哪些？
3. 举例论述蛋白的发泡性在点心中的应用。

任务 ⑤ 乳与乳制品

【任务描述】

乳与乳制品是生产中式点心必备的重要原材料之一，是中式点心学习者必须掌握的知识点。乳品具有很高的营养价值，而且对改善点心的工艺性能发挥着重要作用，故掌握乳与乳制品的分类、性质及使用方法对制作中式点心有重大意义。

【学习目标】

1. 掌握乳与乳制品的化学组成及乳蛋白质的性能。
2. 掌握乳与乳制品在中式点心中的工艺性能。
3. 引导学生从职业角度出发学习乳与乳制品的选择，时刻牢记食材的选择对人民身体健康的影响，从而形成一心一意为人民服务的思想，并且在原料选择方面优先选择国产乳制品，培养浓厚的爱国主义情怀。

【任务实施】

乳品是生产中式点心的重要辅料。乳品不仅具有很高的营养价值，而且在工艺性能方面也发挥着重要作用。随着人们生活水平的提高，用乳品制作的高营养、高质量面包不断涌现，已成为重要的方便食品、保健食品，特别是促进儿童生长发育方面具有突出作用。

用于点心制作的乳品主要是牛乳及其制品，如奶粉、炼乳、奶酪等。

3.5.1 牛乳的化学成分

乳是多种物质组成的混合物，化学成分复杂，主要包括水、脂肪、蛋白质、乳糖、维生素、灰分和酶等。牛乳的化学成分受牛的品种、泌乳期、畜龄、饲料、季节、气温、挤奶情况及健康状态等因素的影响而异。其中，影响最大的是脂肪，其次是蛋白质、乳糖及灰分。

1）水分

乳中最多的成分是水，约占牛乳质量的88%。牛乳中所含的水分绝大部分以游离状态存在，成为乳的胶体体系的分散介质，极少部分水同蛋白质结合存在，称为结合水，还有一部分与乳糖晶体一起存在，称为结晶水。

2）乳蛋白质

乳中的蛋白质按存在状态可分为溶解的乳清蛋白和悬浮的酪蛋白两大类。其中，乳清蛋白含有对热稳定的际及胨，对热不稳定的各种

乳球蛋白，还有少量脂肪球膜蛋白质。

（1）酪蛋白

酪蛋白是乳蛋白质中最丰富的一类蛋白质，占乳蛋白的80%～82%。传统上，将在20℃调节脱脂乳的pH值为4.6时沉淀的一类蛋白质称为酪蛋白。实验表明，酪蛋白是一类既相似又相异的多种蛋白质组成的复杂物质，属于结合蛋白质。它含有胱氨酸和蛋磷酸两种含硫氨基酸。酪蛋白因含有磷酸根又称为磷蛋白，其磷酸根与蛋白质分子中的苏氨酸的羟基相结合。酪蛋白又可分为α-酪蛋白，约占酪蛋白总量的75%；β-酪蛋白，约占22%；γ-酪蛋白，约占3%。这些蛋白质的物理、化学性质各不相同。

酪蛋白是一种两性电解质，具有鲜明的酸性。其分子含有的酸性氨基酸远比碱性氨基酸多，不溶于水，加热不凝固。

酪蛋白与钙、磷等无机离子结合形成酪蛋白胶粒，以胶体悬浮状态存在于牛乳中。酪蛋白胶粒对pH值的变化很敏感，调节脱脂乳的pH值，酪蛋白胶粒中的钙离子与磷酸盐逐渐游离出来，pH值到达酪蛋白等电点时，酪蛋白沉淀。此外，由于微生物作用，乳中的乳糖分解为乳酸，当乳酸量足以使pH值达到酪蛋白等电点时，同样可发生酪蛋白的酸沉淀，这就是牛乳的自然酸败现象。

（2）乳清蛋白

牛乳中酪蛋白沉淀后，保留在乳清中的蛋白质称为乳清蛋白。乳清蛋白有许多组成成分，其中最主要的是β-乳球蛋白和α-乳清蛋白。β-乳球蛋白是一种简单蛋白质，加热、增加钙离子浓度、pH值超过8.6等条件都能使之变性。α-乳清蛋白比较稳定。

从营养和生理方面讲，乳清蛋白有很高的使用价值。而牛乳中酪蛋白含量多、乳清蛋白含量少，与母乳的组成正好相反。因此，为了使乳制品蛋白质组成接近于母乳，可以利用乳清蛋白加以调整，从而生产出高质量的营养食品。

以前，乳清未被充分利用，甚至被大量丢弃。近年来，随着超滤、电渗析、反渗透和沉淀法等科学技术的发展，已为乳清及乳清蛋白质的利用创造了技术上及经济上的条件。人们可以将乳浓缩、干燥、分离成各种成分，如蛋白质、乳糖、矿物质、脂肪及其复合物，作为食品加工原料或动物饲料。目前，常见的乳清品种有乳清粉和乳清蛋白质浓缩物（Whey Protein Concentrate，WPC）。

乳清是作为干酪工业的副产品产生的。它是在干酪和干酪素制造中从牛奶或脱脂奶中通过分离而得到的液体物质，约占牛奶或脱脂奶的85%。

WPC是从乳清中分离出非蛋白质后得到的，含有不低于25%的蛋白质。在国外，特别是在乳品工业发达的西欧国家，WPC受到高度重视，不仅质量优良，卫生安全，而且价格便宜，富有营养。

WPC的性能如下：

WPC的乳化作用。WPC的乳化作用与来源和蛋白质含水量有关。从酸乳中提取的WPC可获得50%～75%的蛋白质，它含有较高的非变性蛋白质，具有极好的乳化性。早先生产的甜WPC含有34%的蛋白质，现在生产的甜WPC含有34%～75%的蛋白质，其中，含有变性蛋白质，具有较低乳化性。

乳清蛋白质在食品中作为乳化剂，降低油和水之间的界面张力，形成均质稳定的乳浊液。

WPC的胶凝作用（热变性）和溶解性：蛋白质的胶凝作用是指变性的蛋白质分子聚

集并形成有序的蛋白质网络结构的过程。蛋白质的胶凝作用的本质是蛋白质的变性。通过实验发现，乳清蛋白在71～89 ℃范围内仍保持溶液状态而没有胶凝，乳清蛋白的这种胶凝作用可以大大提高和改善中式点心的品质，使产品保持柔软，组织细腻。由于提高了持水性，因此可延长贮存期。

一般情况下，蛋白质在其等电点（pH值4.5～5.0）时趋于沉淀、变性或不可逆化学变化。而WPC则不受pH值变化的影响，对pH值变化保持相对稳定。这种性质在食品中具有重要意义。它可使WPC均匀地溶解并分散在食品体系中，改善食品的组织和质地。WPC的这种性质主要与其所含的β-乳球蛋白及α-乳清蛋白有关，两种蛋白的粒子分散度高，水合力强，在乳中呈典型的高分子状态，甚至在等电点时仍保持分散状态。

综上所述，乳清蛋白在中式点心中可代替部分鸡蛋和奶粉，在油炸食品中可减少耗油量，降低成本。乳清蛋白在点心制作中用途较广，具体来说，在面包制作中起强化蛋白质的作用；在蛋糕类点心中，由于乳清易水解，故不能全部代替鸡蛋，但可代替奶粉；在油炸类点心中能减少耗油量，代替部分鸡蛋和全部奶粉；在其他点心制作中，乳清蛋白起乳化作用，并能代替50%的鸡蛋及全部奶粉。

（3）乳蛋白质的营养价值

乳蛋白质属于完全蛋白质，即含有人体全部必需的氨基酸。1 L牛乳可以满足或超过成年人每日必需的氨基酸。从牛乳蛋白质的氨基酸组成来看，牛乳蛋白质的营养价值非常高，也是一种非常经济的优质蛋白质来源。由此可见，把牛乳及其制品作为中式点心生产的重要原料是未来发展方向，也是食品工程技术人员今后研究的重要课题。

3）乳脂肪

乳脂肪是由1个甘油分子和3个脂肪酸分子组成的三甘油酯混合物。乳脂肪不溶于水，而以脂肪球状态分散在乳液中形成乳浊液。

乳脂肪的脂肪酸组成。牛乳脂肪的脂肪酸种类远较一般脂肪为多，已发现的脂肪酸多达60余种。除含有低级饱和脂肪酸外，还含有C20～C26高级饱和脂肪酸。不饱和脂肪酸主要是油酸，约占不饱和脂肪酸总量的70%。

牛乳中的脂肪呈极细小的球体，均匀地分布在乳汁中，脂肪球的表面包有一层乳清或蛋白质薄膜，平均直径为1.6～10 μm。脂肪球的大小与乳脂肪的芳香和消化率有密切关系。一般来说，大脂肪球芳香味浓，但消化率不如小脂肪球。小脂肪球芳香不如大脂肪球，但比大脂肪球易于消化。

乳脂肪的熔点为34.5 ℃，低于人体体温，同时，乳脂肪本身已形成良好的乳化状态，因此，含有乳及乳制品的面包和点心消化

率很高。任何一种食用脂肪被人体消化利用的高低，其熔点是最大因素。脂肪的熔点受脂肪分子链长短和不饱和度的影响，碳链越短，或不饱和度越大，其脂肪的熔点越低，消化率就越高。

4）乳糖

乳糖占乳中糖类的99.8%以上，此外，乳中糖类还含有极少量的葡萄糖、果糖、半乳糖等。牛乳中约含4.7%的乳度。乳糖甜味比蔗糖低。乳糖不易溶于水，但可溶于乳汁的水分中，呈溶液状态。乳糖水解后生成一分子的葡萄糖和一分子的半乳糖。

乳糖对初生婴儿和幼儿的智力发育非常重要，因为在婴幼儿的消化道内，分解乳糖的乳糖酶最多。随着年龄的增长，消化道内呈现乳糖酶衰减现象，甚至不能分解和吸收乳糖。乳糖能促进脑苷和粘多糖类的生成，这些物质是构成脑细胞的必要成分。此外，乳糖可以促进肠道内乳酸菌的生长。乳酸的形成，可以促进婴幼儿对钙和其他矿物质的吸收。可见，在中式点心中加入乳及乳制品或在加入乳糖的同时加入乳糖酶，则可促进人们对乳糖的消化吸收，防止佝偻病。

5）牛乳中的无机盐和维生素

牛乳中的无机盐主要有磷、钙、镁、氯、钠、硫、钾等，此外，还有一些微量元素。牛乳中盐类的含量虽然很少，但对蛋白质的热稳定性有重要影响。牛乳中的含铁量比人乳少，因此，有必要强化儿童面包的营养。

3.5.2 乳制品

中式点心所用的乳品种类有鲜乳、全脂乳粉、脱脂乳粉、甜炼乳和淡炼乳等。奶油也是从乳中提取出来的。

1）乳粉

乳粉（图2.21）是以鲜乳为原料，经浓缩后喷雾干燥制成的。乳粉包括全脂乳粉和脱脂乳粉两大类，由于乳粉脱去了水分，因此比鲜奶耐贮存。根据包装的不同，乳粉保存期少则几个月，多则达几年。因此，乳粉在中式点心生产中应用广泛。

乳粉的性质与原料乳的化学成分有密切关系，加工良好的乳粉不仅保持着鲜乳的原有风味，按一定比例加水溶解后，其乳状液也和鲜乳极为接近，这与中式点心的生产及产品质量关系密切。

图2.21 乳粉

（1）溶解度

乳粉溶解于水及其溶解程度称为溶解度，此性质对乳粉的质量影响很大。优质乳粉可全溶于水中。乳粉的溶解度与加工方法有密切关系，喷雾干燥法制成的乳粉，其溶解度为97%~99%。

（2）吸湿性

各种乳粉不论加工方法如何，均有吸湿性。乳粉吸湿后会凝结成块，不利于贮存。

（3）滋味

正常的乳粉具有微甜、细腻适口的滋味。由于乳粉具有吸收异味性，因此，原料乳的状况、加工方法、容器等均能影响乳粉滋味。

2）炼乳

炼乳（图2.22）分甜炼乳（加糖炼乳）和淡炼乳（无糖炼乳）两种，以甜炼乳销量最大，在中式点心生产中使用较多。所谓甜炼乳，即在原料牛乳中加入15%～16%的蔗糖，然后将牛乳的水分加以蒸发，浓缩至原体积的40%。浓缩至原体积的50%并不加糖者为淡炼乳。

图2.22 炼乳

甜炼乳是利用高浓度蔗糖进行防腐，如果生产条件符合规定，包装卫生严密，在8～10 ℃的温度下长时间贮存也不会腐坏。由于炼乳携带、食用都非常方便，因此，缺乏鲜乳供应的地区，炼乳可作为中式点心生产的理想原料。由于炼乳在加工过程中加入了蔗糖，有一部分蛋白质受热变性，对酸的凝集性有所改善，故消化率有所提高。因加热处理，维生素有所损失，特别是维生素C和维生素B_1损失较为明显，与鲜乳相比，损失可达20%～50%。

3）食用干酪素

食用干酪素（图2.23）是用优质脱脂乳为原料制成的，其组成成分如下：酪蛋白94%、钙2.9%、镁0.1%、有机磷酸盐（以磷计）1.4%、柠檬酸盐（以柠檬酸计）0.5%。这种食用干酪素可以5%～10%的比例加入面粉中生产中式点心、饼干。

4）奶酪

奶酪（图2.24）又称干酪、芝士，是将原料乳凝结成块，再将凝块进行加工、成型、发酵而制成的一种乳制品。奶酪的种类繁多，中式点心常用奶油奶酪和马苏里拉奶酪。

图2.23 食用干酪素

奶酪的营养价值很高，含有丰富的蛋白质、脂肪和钙、磷、硫等盐类及丰富的维生素。奶酪在制造和成熟过程中，在微生物和酶的作用下，发生复杂的生物化学变化，使不溶性的蛋白质混

A. 马苏里拉奶酪

B. 奶油奶酪

图2.24　奶酪

合物转变为可溶性物质，乳糖分解为乳酸和其他混合物。这些变化使干酪具有特殊的风味，并促进消化吸收率的提高，是强化点心营养的重要物质。

3.5.3　乳在中式点心中的工艺性能

1）乳的 pH 值与酸度

健康牛所分泌的鲜乳pH值为6.4～6.8，其中，pH值为6.5～6.7居多，而pH值低于6.4及以下者，可能是初乳或酸败乳；pH值高于6.8者可能是乳房炎乳或低酸度乳。

牛乳的酸度以T度来表示。所谓T度就是中和100 mL牛乳所消耗的0.1 mol/L氢氧化钠溶液的毫升数，消耗1 mL氢氧化钠称为1 T度。正常新鲜的牛乳酸度一般为16～18 T度，若酸度超过20 T度则认为牛乳已经变酸。

刚挤出的鲜乳酸度称为固有酸度或自然酸度。固有酸度源于乳中的酸性物质，非乳脂固体含量越多，固有酸度就越高；初乳的非乳脂固体特别多，其固有酸度就特别高。挤出的鲜乳在微生物作用下进行乳酸发酵，导致鲜乳的酸度逐渐升高，这部分酸度称为发酵酸度。固有酸度和发酵酸度的总和称为总酸度。

2）牛乳的相对密度

正常的牛乳，在20 ℃时的平均相对密度为1.032，其变动范围为1.028～1.034。如果乳的相对密度在1.028以下，乳清（主要成分为乳糖和无机盐类，其正常相对密度为1.027～1.30）的相对密度在1.026以下，而且非脂固形物在8%以下时，此乳有掺水的可能，因牛乳的相对密度会因水分增加而降低；如果乳的相对密度大于正常乳，则有脱脂可能，因加脱脂乳或去除脂肪，乳的相对密度会增高。

3）乳的表面张力、黏度和气泡性

表面张力与牛乳的气泡性、乳浊状态、微生物的生长、热处理、均质作用与风味等有一定关系。牛乳的表面张力随温度的上升而降低，随含脂率的减少而增大，20 ℃时为$40 \times 10^{-5} \sim 60 \times 10^{-5}$ N/cm²，表面张力增大有利于泡沫形成。

乳的黏度与含乳食品的生产工艺有密切关系。黏度随温度的升高而降低，在20 ℃时牛乳的绝对黏度为$1.5 \times 10^{-3} \sim 2.0 \times 10^{-3}$ Pa·s。非脂乳固体含量一定时，黏度随含脂率的增高而增大。

影响乳品形成泡沫的因素有温度、含脂率和酸度等。低温搅拌时乳的泡沫逐渐减少，在21～27 ℃达到最低点。在乳脂肪的熔点以上搅拌时泡沫增加。搅拌奶油时，由于机械作用的影响，发生乳脂同空气的强烈混合，空气被打碎成无数细小的气泡，这些气泡充斥于乳脂内，1 L乳脂可达60亿个。

牛乳及其制品具有泡沫性，并有一定的稳定性，在中式点心的生产中应用广泛。

4）提高面团的吸水率

乳粉中含有大量蛋白质，其中，酪蛋白占总蛋白质含量的75%～80%，酪蛋白含量影响布置和吸水率。乳粉的吸水率为自重的100%～125%。因此，每增加1%的乳粉，相应的面团吸水率就要增加1%～1.25%。吸水率增加，产量和出品率相应也会增加，成本就会下降。

5）提高面团筋力和搅拌耐力

乳粉中虽无面筋蛋白质，但含有大量的乳蛋白质，对面筋具有一定的增强作用，能提高面团筋力和面团强度，不会因搅拌时间延长而导致搅拌过度。特别是对低筋面粉更有利。加入乳粉的面团更适合高速搅拌，高速搅拌能改善面团的组织和体积。

6）提高面团的发酵耐力

乳粉可以提高面团的发酵耐力，避免因发酵时间延长变成发酵过度的老面团。原因在于乳粉中含有大量蛋白质，对面团发酵过程中pH值的变化具有缓冲作用，使面团的pH值不会发生太大的波动和变化，保证面团的正常发酵。例如，无乳粉的面团发酵前pH值为5.8，经45 min发酵后pH值下降到5.1；含乳粉的面团发酵前pH值为5.49，经45 min发酵后pH值下降到5.27。前者下降了0.7，而后者仅下降了0.22。

乳粉可抑制淀粉酶的活性，因此，无乳粉的面团比有乳粉的面团发酵快，特别是低糖面团。面团发酵速度适当放慢，有利于面团均匀膨胀，增大面包体积。

乳粉可刺激酵母内酒精酶的活性，提高糖的利用率，有利于二氧化碳的产生。

7）乳粉是中式点心的着色剂

乳糖是乳粉中唯一的糖类，占乳粉总量的5%。乳糖具有还原性，不能被酵母所利用。因此，发酵后仍全部残留在面团中。在烘焙期间，乳糖与蛋白质中氨基酸发生褐变反应，形成诱人的色泽。乳粉用量越多，点心的表皮颜色越深。乳糖的熔点较低，在烘焙期间着色快。因此，凡是乳粉使用较多的点心，都要适当降低烘焙温度和延长烘焙时间。否则，点心着色过快，易造成外焦内生。

8）改善点心的组织

由于乳粉提高了面筋力，改善了面团发酵耐力和持气性，因此，含乳点心组织均匀、柔软、疏松并富有弹性。

9）延缓点心的老化

乳粉中含有大量蛋白质，使面团吸水率增加，面筋性能得到改善，面团体积增大，这些因素都促使点心老化速度减慢，提高了保鲜期。

10）提高点心的营养价值

面粉是点心制作的主要原料。但面粉在营养上的先天不足使赖氨酸十分缺乏，维生素含量也很少。乳粉中含有丰富的蛋白质和人体每日所需的必需氨基酸，维生素和矿物质含量也很丰富。

【任务作业】

1. 乳蛋白在点心中应用的主要性能有哪些?
2. 乳与乳制品在点心中应用的工艺性能有哪些?
3. 举例论述乳与乳制品对点心面团的影响。

任务⑥ 畜禽肉类及水产类

【任务描述】

畜禽肉类及水产类是生产中式点心必备的重要原材料之一，是中式点心学习者必须掌握的知识点。畜禽肉类及水产类主要用于点心的馅料制作，肉质的不同将直接影响点心馅料的口感及点心成品的整体质量。故掌握畜禽肉类与水产类的产地、分类、性质及使用方法，对制作中式点心具有重大意义。

【学习目标】

1. 掌握中式点心用畜禽肉类及水产类的种类、性质及品质鉴别。
2. 能正确运用畜禽肉类及水产类的性质解释点心馅料的形成原理。
3. 引导学生从职业角度出发学习畜禽肉类及水产类的选择，时刻牢记食材的选择对人民身体健康的影响，养成一心一意为人民服务的思想，并且在原料选择方面优先选择国产肉制品资源，培养浓厚的爱国主义情怀。

【任务实施】

在点心制作中，肉类及水产品常用于点心馅料的制作，掌握其性能对点心制馅有很大的帮助。一般来说，点心制作时常用的肉类及水产类有猪肉、牛肉、鸡肉、鸭肉、鹅肉及鱼、虾、蟹、动物内脏等。

3.6.1 畜禽肉类

1）猪肉

猪肉是点心馅料制作中最常用、用量最多的肉类原料之一，优质猪肉制出的馅料口感鲜美，但在选用猪肉时，一定要分清肉质的优劣，并要认清猪的老嫩程度，是否为病猪肉、带寄生虫的猪肉等。肉质鉴别一般通过感官鉴别的方式进行。鉴别方法如下。

（1）新鲜猪肉

新鲜猪肉色泽呈淡红色，有光泽，切断面稍湿、不粘手，肉汁透明，在表面有一层微干或微湿的外膜；质地紧密并富有弹性，用手指按压后弹性良好；在气味方面，具有新鲜猪肉的正常气味；其皮脂肪呈白色，有光泽，有时呈肌红色，柔软而富有弹性；若用水煮制，则肉汤透明、芳香、汤面聚集大量油滴，油脂的气味和滋味鲜美。

（2）劣质猪肉

劣质猪肉色泽呈暗灰色，无光泽，切断面的色泽比新鲜猪肉暗淡，有黏性，肉汁混浊，在表面有一层风干或潮湿的外膜；在质地方面，肉质比新鲜猪肉柔软、弹性小，用手指按压后不能完全复原；在气味方面，肉的表层能嗅到轻微的氨味、酸味或酸霉味，但肉的深层却没有这些气味；其皮脂肪呈灰白色，无光泽，容易粘手，有时略带油脂酸败味和哈喇味；若用水煮制，则肉汤混浊，汤面油滴较少，无鲜香味，略有轻微的油脂酸败味和霉变味。

（3）变质猪肉

变质猪肉色泽呈灰色或淡绿色，发粘并有霉变现象，切断面呈暗灰色或淡绿色、粘手，肉汁严重混浊，表面外膜极度干燥或粘手；在质地方面，其质地由于自身被分解严重，组织失去原有的弹性而出现不同程度的腐烂现象，用手指按压，不但不能复原，甚至还可能把肉刺穿；在气味方面，腐败变质的猪肉，不论肉的表层或是深层均有腐臭味；其皮脂肪表面污秽、有黏液，常霉变呈淡绿色，脂肪组织很软，散发出油脂酸败味；若用水煮制，则肉汤极混浊，汤内漂浮着絮状的烂肉片，汤面几乎无油滴，具有浓郁的油脂酸败味或显著的腐臭味。

（4）冻猪肉质量鉴别

一般新鲜的冻猪肉解冻后肌肉呈红色、均匀，有光泽，脂肪洁白，无霉点，外表及切面微湿润，不粘手，肉质紧密，有坚实感，在气味方面无臭味及其他异味。

（5）注水猪肉质量鉴别

猪肉注水后，风味很快变差，并容易腐败变质，不易保管。某些不法商贩在猪肉中注入污水或淀粉水，会加速猪肉的变质和风味的变劣、变差。注水肉若是瘦肉，则色泽呈淡红色并带白，有光泽，有水从肉中慢慢地渗出，若注水过多，水会从瘦肉上往下滴，用手摸瘦肉不粘手，则疑似注水肉。另外，用卫生纸或吸水纸贴在肉的断面上，注水肉的吸水速度较快，黏着度和拉力均较小。或者，将纸贴于肉的断面上，用手压紧，片刻后揭下，用火点燃，如有明火，说明纸上有油，肉未注水，否则有注水之嫌。

（6）米猪（囊虫病猪）肉的鉴别

米猪肉是寄生了绦虫的猪肉，俗称囊虫病猪肉，绦虫卵像小米粒一样生长在病猪的瘦肉、肥肉及内脏等部位。人一旦食用了这种猪肉，就会感染绦虫病，绦虫寄生在人体内，其幼虫能进入人脑、眼睛或心脏肌肉，给人体健康造成极大的威胁。识别方法：注意瘦肉（肌肉）切开后的横断面，看是否有囊虫包存在，囊虫包为白色、半透明。猪的腰肌是囊虫包寄生最多的地方，囊虫包呈石榴粒状，多寄生在肌纤维中。用刀子在肌肉上切割，一般间隔宽度为1 cm，连切四五刀后，仔细观察切面，如发现肌肉中附着小石榴粒或米粒大小的水泡状物，即为囊虫包，可判定这种肉就是米猪肉。

（7）瘟猪肉的鉴别

瘟猪肉一般有以下特点。

①出血点。猪皮上有出血点或出血性斑块，去皮猪肉的脂肪、腱膜或内脏上有出血点。

②骨髓。正常的猪骨髓为红色，若骨髓为黑色，说明是瘟猪肉。

（8）老母猪肉的鉴别

老母猪肉是指生育过猪仔的猪经改良后宰杀的猪肉，其口感较差，味道不鲜并有腥臊味，不受消费者欢迎。主要从以下4个方面进行鉴别。

①看猪皮。老母猪肉皮厚、多皱褶、毛囊粗，与肉结合不紧密，分层明显，手触时有粗糙感。正常猪肉颜色呈水红色，纹路清晰，肉质细嫩，水分较多。

②看瘦肉。老母猪瘦肉肉色暗红，纹路粗乱，水分少，用手按压无弹性，也无黏性。

③看脂肪。老母猪肉的脂肪非常松弛，呈灰白色，摸时手指上沾的油脂少，而正常的

学习笔记

猪肉脂肪，摸时手指沾的油脂多。

④看乳头。老母猪乳头长、硬，乳腺孔明显。必要时切开猪胴体的乳房检视，乳腺中如有淡黄色的透明液体渗出，则可以基本判定为老母猪肉或改良的老母猪肉。

（9）病死、毒死猪肉的鉴别

病死、毒死猪肉一般肌肉色泽暗红，或带有血迹，脂肪呈桃红色，全身血管充满了凝结的血液，尤其是毛细血管最为明显，胸腹腔呈暗红色、无光泽，肌肉松弛，肌纤维易撕开，肌肉弹性差。由于病死、毒死的猪在宰杀时血没放出或未完全放净，因此能嗅出较浓的血腥味。

2）牛肉

牛肉在点心中一般用作点心馅料的原料，也有单独制作点心的，如牛肉烧卖。

优质牛肉呈鲜红色（如果是老牛肉则呈紫红色），有光泽，脂肪洁白或呈乳黄色，弹性良好，用手指按压后能立即恢复原状，具有牛肉特有的土腥味，表面微干或有风干膜，触摸时不粘手；若用水煮制，则汤汁澄清透明，脂肪团聚浮于汤面，具有特殊的香味。

劣质牛肉色泽稍暗，切面光泽度欠佳，脂肪无光泽，用手指按压后恢复较慢并且不能恢复成原始状态，在气味上稍有氨味或酸味，表面粘手或干燥，新的切面湿润，若用水煮制，则汤汁浑浊或稍浑浊，脂肪呈小滴浮于汤面，香味差或无香味。

3）禽肉

禽肉一般用于点心馅料的制作，如煎薄饼馅、粟米饼馅、月饼馅（烧鸡、烧鸭、烧鹅等）及某些点心馅料的汤料等。一般来说，新鲜禽肉皮肤有光泽，因品种的不同可能呈现淡黄色、淡红色和灰白色，肌肉切面有光泽。眼球饱满，用手指按压后能立即恢复原状，外表微干或微湿润，不粘手，并具有鲜禽肉的正常气味。劣质禽肉的皮肤色泽暗淡或无光泽，切面光泽度不够或头颈部常带有暗褐色，眼球皱缩凹陷，晶体稍混浊或混浊，用手指按压后不能恢复原状或恢复较慢，外表比较干燥或粘手，新的切面湿润甚至发粘，能嗅到非正常的气味。

注水禽肉特别有弹性，手拍肌肉能听到"啵、啵、啵"的声音，仔细观察，会发现翅膀上有红针点，周围呈乌黑色，用手指掐皮层，明显打滑。另外，有些不法商贩将水用注射器打入禽的胸腔的油膜和网状内膜中，只要用手指在上面稍微一掐，注过水的禽网膜一旦破裂，水便会流出来。或者用手摸禽身，若感觉高低不平，摸起有肿块的一定是注过水。还可用一张干燥易燃的纸贴于去毛的禽背上，稍加压力，片刻后取下，用火点燃，若纸燃烧，说明未注水，否则为注水禽肉。

3.6.2 水产类

1）鱼

优质鱼，有光泽，鳞整齐，鳃鲜红，眼睛透明而凸出，肉结实而有弹性，用刀切鱼肉时，刀口处闪闪发亮；质差的鱼皮干枯，鳃呈灰红或灰白色，眼珠下陷，肌肉发达而无弹性，鳞易于脱落，用刀切鱼肉时，骨与肉脱离。

加工活鱼时，将鱼放在砧板上，用刀拍鱼头使其昏死，用手抠住鳃部，执刃从尾至头部刮去鱼鳞，再刮另一面；然后横刀从鳃下至尾鳍开刀，下刀不能太深，以免戳破肚腹，剖肚取出内脏，最后取鳃即可。

2）虾（图2.25）

虾分为明虾和海虾，明虾，也称对虾，以咸淡水交界处生长的较好。通常俗称的海虾实为江虾，在淡水中生长。

优质虾，头尾完整，身略挺，肉质结实、细嫩，并略微弯曲，色泽表中带绿色或青白色，虾壳发亮；劣质虾，头尾易脱落或已脱落，肉质松而软，而且身较弯曲，色泽呈红色或灰紫色，虾壳暗淡无光泽。

明虾的处理是用剪而不用刀，先剪虾枪，挑剪头部的虾屎，继而剪去须、钳、脚等部位，最后从虾背挑去虾肠即可。海虾的处理，主要是去头、壳，取肉，单纯用手操作，可不用剪刀，故通称为"摘虾"，具体做法：用双手分别执于虾的头、尾部，将虾的腹膜拧断，用手将虾肉挤出便可，也可撕壳取肉，虽效率

图2.25　明虾

高，但虾肉有膜裹着，肉不易取出，通常多用"挤"而少用"撕"的办法。

3）蟹

选蟹要鲜活，因死蟹易发臭。优质蟹，肉质结实，肥美鲜嫩，蟹壳呈青色，蟹肚部色白；差的肉质松软。蟹的加工方法：从脐部中线切开，将蟹翻转，螯向内，用刀压着，将螯退去，再压着蟹脚去掉蟹壳，用斜刀削去盖旁的硬壳边，去掉盖内的胆和内鳃等，再将蟹洗净，蒸约20 min，蟹螯转红便熟。拆蟹肉的方法：将蒸熟的蟹褪去螯和蟹脚（退蟹脚2/5，剩3/5附于蟹身，使蟹脚肉易拆），平握刀轻将蟹脚压破，剔出肉，再用刀将蟹身上的钉退去（不去钉则肉退不净，并不显出肉纹），并用刀顺着蟹身肉纹将肉剔出，将螯分成两截，用刀轻轻拍硬壳将肉取出，如要酿螯，择取螯肉时，保留螯下钳和蟹夹（相当于钳的韧骨）。

3.6.3 肉类及水产品类的性质及应用

1）原料肉的成熟与变质

（1）肉的成熟

动物在屠宰后，肉的内部会发生一系列变化，使肉变得柔软、多汁，并产生特殊的滋味和气味，这一过程称为肉的成熟。成熟过程可分为尸僵和自溶两个阶段，尸僵是指动物屠宰后胴体因肌肉纤维的收缩而引起的不可逆的变硬现象。此时动物肉的各方面性质表现不良，风味、滋味最差。随着僵直时间的延长，一直到最大僵直后，会继续发生一系列的生物化学变化，僵直的肌肉会逐渐变得柔软多汁，并获得细致的结构和美好的滋味，这一

过程称为肉的自溶，此时肉的风味和滋味有很大的改善。

（2）肉的变质

肉的变质是肉的成熟过程的继续，肌肉组织中的蛋白质在组织酶的作用下，分解生成水溶性的蛋白肽和氨基酸，完成了肉的成熟。若成熟继续进行，分解进一步进行，则会发生蛋白质的腐败。同时，脂肪的酸败和糖的酵解，产生对人体有害的物质，称为肉的变质。

2）肉类的化学组成及性质

肉类的化学成分主要包括蛋白质、脂肪、碳水化合物、维生素、矿物质、水等。这些成分均受动物的种类、性别、年龄、饲料、营养状态及动物身体部位而有所不同，并且由于屠宰后肌肉内部酶的作用，对成分也有一定的影响。肉类的性质可从以下几个方面进行描述。

（1）肉的颜色

肉的颜色会随动物的年龄、种类、部位等而有所不同。一般来讲，猪肉为鲜红色或淡红色、牛肉为鲜红色或紫红色、马肉为紫红色、羊肉为浅红色、兔肉为粉红色。老龄动物的肉色一般较深，幼龄动物的肉色一般较淡，生前活动量较大的部位肉的颜色会比较深。此外，时间同样会影响肉的颜色，如屠宰后肌肉在贮藏加工过程中，颜色会发生各种变化，一般刚刚宰后的肉为深红色，经过一段时间变为鲜红色，时间再长变为褐色。

（2）肉的味质

肉的味质又称为肉的风味，指生鲜肉的气味和加热煮熟后肉品种的香气和滋味。它是肉中固有的成分经过复杂的生物化学变化，产生各种有机化合物所致。一般来说，鲜肉均有各自的特有气味。生牛肉、猪肉没有特殊气味，羊肉有膻味，狗肉、鱼肉有腥味等。肉加热煮熟后产生强烈的肉香味，主要是由低级脂肪酸、氨基酸及含氮浸出物等化合物产生的。

除了固有气味，肉腐败、蛋白质和脂肪分解，则产生臭味、酸败味、苦涩味等。

（3）肉的韧度和嫩度

肉的老嫩是肉质的重要指标，影响肉的嫩度的因素有很多，除与遗传因子有关外，主要取决于肌肉纤维的结构和粗细、结缔组织的含量及构成、热加工和肉的pH值等。

肉的柔软性取决于动物的种类、年龄、性别及肌肉组织中结缔组织的数量和结构形态。例如，猪肉比牛肉柔软，嫩度高。幼畜由于肌纤维细胞含水分多，结缔组织少，肉质脆嫩。

加热可以改善肉的嫩度，大部分肉经加热蒸煮后，肉的嫩度均有很大改善，并且肉质也发生较大变化。此外，宰后鲜肉经过成熟，其肉质可变得柔软多汁，嫩度明显增加。

（4）肉的保水性

肉的保水性是指肉在压榨、切碎、搅拌时能保持水分的能力，或

者向其中添加水分时的水合能力。这种特性对肉类加工的质量有很大影响。如制作牛肉烧卖、鲮鱼球、点心的荤馅料，均要求有一定的保水性能，因为水分可以增加成品的嫩度及湿度，使点心更加美味可口，所以在选用肉类时，一定要结合肉的各项性质选取较好的肉类，以保证所做点心的品质及口感。

（5）肉的胶黏性

肉中盐溶性蛋白质，如肌纤维中的肌球蛋白，既有亲水基团，又有亲油基团，具有强烈的乳化作用。在制馅中析出的盐溶性蛋白质和水、脂肪颗粒三者形成稳定的蛋白质复合体，使肉馅呈胶凝状态。影响肉的胶黏性的因素主要有肥瘦肉的比例、肉的持水能力、温度、机械处理、pH值、盐、食品添加剂等。一般来说，瘦肉比例越大，结缔组织越少，肉持水能力越强。pH值为6.5～7.2，形成的茸胶弹性最强。肌球蛋白的最适提取温度为4～8 ℃，当肉馅温度升高时，盐溶性蛋白的萃取量显著减少，同时温度过高也易使蛋白质受热凝固从而失去乳化作用，乳化物的黏度降低，使分散相中比重较小的脂肪颗粒向肉馅乳化物表面移动，从而降低乳化物的稳定性。因为高温会导致脂肪颗粒融化，造成产品出油问题。所以搅拌时温度一般控制在12 ℃以下为佳。

【任务作业】

1. 制作中式点心常用的畜禽肉类及水产类有哪些？如何鉴别质量优劣？
2. 肉类的性质有哪些？
3. 请论述肉的胶黏性在中式点心馅料制作中的应用。

任务7 海味、干货、鲜干蔬果

【任务描述】

海味、干货、鲜干蔬果是生产中式点心必备的重要原材料，是中式点心学习者必须掌握的知识点。海味、干货、鲜干蔬果不仅用于中式点心的皮料，馅料中也应用广泛，在点心中起着重要的调节作用。故掌握海味、干货、鲜干蔬果的产地、分类、性质及使用方法，对制作中式点心具有重大意义。

【学习目标】

1. 掌握中式点心用海味、干货、鲜干蔬果的种类、性质。
2. 能正确鉴别海味、干货、鲜干蔬果的品质及干货的涨发技术。
3. 引导学生从职业角度出发学习海味、干货、鲜干蔬果的选择，时刻牢记食材的选择对人民身体健康的影响，从而养成一心一意为人民服务的思想，并且在原料选择方面优先选择国产资源，培养浓厚的爱国主义情怀。

【任务实施】

干货是经加工腌制与干制而成的，在点心制作中主要用来增加点心的特殊风味、香味，现简单介绍几种常用干货。

3.7.1 海味类

1）鱿鱼

鱿鱼以色泽鲜明、肉质嫩、金黄色带微红、气味香的特点应用于点心制作中的烧麦类和部分熟馅料中，有增香作用。

点心制作中常用干鱿鱼。干鱿鱼可分为吊片鱿、临高鱿、竹叶鱿3种，吊片鱿因体积细薄、肉嫩、透明浅金黄、使用时不用水浸等特点常用于点心制作；临高鱿体积稍大，肉嫩透明、金黄色；竹叶鱿体形似竹叶，身稍长，色泽金黄。临高鱿、竹叶鱿在使用时只需浸泡30~40 min便可使用（而体厚者时间需延长）。

2）干贝

干贝即江瑶柱。干贝富含蛋白质、脂肪以及碘、铁等矿物质。在拌制点心馅料时，适当加入丁贝能增加馅料的特殊风味，具有滋味鲜美的特点。

在点心制作使用中多以干品为主，一般以淡黄色或老黄色，质地紧硬，颗粒齐整，表面无盐霜的干贝为佳。使用时只需用清水浸泡10~20 min；涨发后捞起放入煲中，加入姜片、酒和少许清水，用隔水蒸或慢火烧的方法将干贝蒸至黏软，随后放入馅料中或制作其他食品。

图2.26 虾米

3）带子

带子因色白味美，质感爽滑，营养丰富等特点在点心制作中常用于拌制馅料，增加特色和风味。例如，带子饺。

在点心制作中一般以鲜带子为主，以色白、体厚、棋子形、肉质有弹性为佳。使用时只需用味料先腌制10～15 min便可使用。

4）虾米

虾米（图2.26）因色泽鲜明、味香、营养丰富等特点在点心制作中常用于炒制馅料，增加香气，还能起点缀作用。

虾米以色蜡黄或赤红色、明亮、肉身完整、无皮屑、不含杂质、气味清香、味鲜可口为优质。使用时只需淘洗干净，用清水浸泡10～20 min便可使用。

3.7.2 干货类

1）香菇

香菇（图2.27）因味香、爽口、营养丰富等特点在点心制作中常用于馅料的拌制。

香菇是一种真菌植物，有冬菇、花菇、香信、北菇、西菇、滨菇之分。现将各自的特点简单介绍如下。

①冬菇。形状如伞，表面为黑色，身厚边缘向下并有内卷，菌褶缜密，内色白中透黄。菌柄有正中或偏生，味道香浓。

②香信。菌体较薄，边缘不内卷，菌伞大小不均，菌褶粗疏，表面黄中带黑，菌柄较长，肉质一般，香味一般。

③花菇。菌面呈淡黑色或淡褐色，菇纹呈爆花状，菌伞肥厚，边缘向下内卷，菌褶细密，内色白黄，味道香浓。

④北菇。冬菇的一种，特点与冬菇相同，只是产地有别，北菇产于广东韶关、南雄、乐昌、英德等地，为名品。

⑤西菇。身厚，菌面略有霜白，菌柄粗长，香味不大，肉质较为粗糙。

⑥滨菇。身厚，表面色黑带花纹，肉质爽滑，但香味欠佳。

以上各类香菇，需先去蒂，然后浸泡至黏软，方可使用，或根据要求加入姜、葱，最后加入味料炖黏或煮黏即可。

A.　　　　　　　　B.　　　　　　　　C.

图2.27 香菇

2）花生

花生因生津、润肺、平肝、滋阴、增加血小板、味道香浓等特点用于制作点心馅料，或装饰、点缀之用。

花生以果粒肥厚为佳，使用时视点心需要经煮、炸、炕，去衣使用。

3）莲子

莲子（图2.28）因性平、入心、肾、脾之经，可养心、益肾、补脾、涩肠，味香浓等特点常用于制作点心馅料（即莲蓉馅）。

图2.28 莲子

莲子分湘莲、建莲、湖莲3种。湘莲一般以颗粒圆肥饱满、粉红色、身干、含淀粉较多，浸发吸水量大，涨发性好为优质。建莲以颗粒圆肥略长、浅褐红色、质量与湘莲接近为优质。湖莲一般颗粒瘦，身稍长，棕红色，淀粉含量一般，水分较多，涨发性一般，是3种莲子中的质差品。

莲子浸发去皮、去芯，煮黏后使用。

4）五仁

五仁（图2.29）是指麻仁、瓜仁、桃仁、杏仁、榄仁5种。在点心制作中常用于拌制月饼馅料或增加点心的香味，起点缀作用。

常见的麻仁（即芝麻）有两种：一种是白色芝麻；另一种是黑色芝麻。芝麻要求大小均匀，颗粒饱满，表面有光泽，颜色明显，无杂质为佳。

常见的瓜仁色白、粒子扁平，近似椭圆形，颗粒均匀，有香味，干涩为佳。

常见的桃仁为褐红色（果衣），呈鸡冠花形纹沟，圆整、肥大、无蛀虫、无杂质、味正为优质。

常见的杏仁有南杏和北杏之分，南杏仁为扁桃形，上尖下圆宽，身宽厚，表皮呈浅褐红色，颗粒大小均匀，味正为佳。北杏仁形如南杏仁，身圆窄，体积略小，色稍深，有苦杏仁气味为佳。

常见的榄仁为米白色，表面有光泽，体形饱满，粒子均匀，身干，无蛀虫，无碎粒，无杂质为佳。

五仁都含有人体所必需的营养成分，使用时根据点心品种的需要，可直接使用或经加温处理使用。

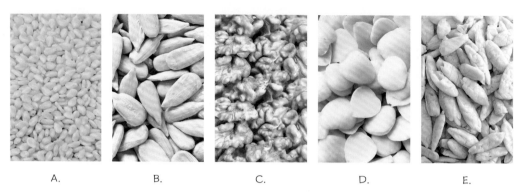

A.　　　　　B.　　　　　C.　　　　　D.　　　　　E.

图2.29　五仁

5）白果

白果在点心制作中经常使用，多用于煲粥、斋馅。

白果一般为椭圆形，果皮呈黄白色或淡黄棕色，去膜后呈青黄色，果粒均匀，体形圆整，饱满，略有光泽为优质。

白果有止咳、补肺、健脾、利尿的功效。使用前先用开水浸泡约20 min，去衣后便可使用。

6）粉丝

粉丝在点心制作中常用于拌制斋馅，或装饰之用。

粉丝一般以颜色银白闪光，粗细均匀平直，透明，弹性、韧性较强，熟后全透明，久煮不碎断为优质。

粉丝是营养价值较高的食品，一般以清水浸软后使用。

上述为点心制作中的常用干货，在使用时必须鉴别其质量方可使用。要妥善保管好干货，保管时一般用干净的塑料袋独立包装，扎紧袋口置于阴凉、干爽、通风、低温之处。

3.7.3　蔬果类

1）芋头

芋头（图2.30）又称芋芳，其形状有圆形、椭圆形、圆筒形几种，表皮呈黄褐色或黑棕色，内里呈白色或奶白色中带红丝，淀粉含量较多，其中以槟榔芋较为有名，质量最佳，可用于拌馅及点心皮的制作。

芋头主要分布于珠江流域及台湾地区，其特点为味甘辛、性凉，有消病散热等功效。

图2.30　芋头

2）马铃薯

马铃薯又称土豆、薯仔，其形状有球形、扁圆形、椭圆形、卵形、长筒形等。表皮分白、黄、红3种，肉色分黄肉和白肉两种，在点心制作中常用于制作点心皮。马铃薯主要产于四川、云南、广东、贵州、黑龙江、吉林、辽宁省等地，其特点为味甘、性平，有和胃调中、健脾益气的功效（注：发芽的马铃薯不能直接食用，易引起腹胀、恶心、头痛等中毒现象）。

3）番薯

番薯有纺锤形、圆筒形、椭圆形、球形和块形等，表皮色泽有白、淡黄、黄、黄褐、红、淡红等，内里肉色有白黄、黄、淡黄、杏黄、橘红、紫红等，常用于点心皮的制作。

番薯在我国各地均有种植，其特点为味甘、性平、无毒，有补中和血、暖胃益气等功效。

4）南瓜

南瓜又称番瓜、金瓜，其形状有长形、圆扁形、球形、纺锤形几种，表皮呈黄色、绿色或绿中带黄等，内里呈黄色，常用于点心皮的制作。

南瓜在我国各地均有种植，特点为味甘、性温和，有补中益气、解毒止痛等功效。

5）沙葛

沙葛（图2.31）又称地瓜，一般为圆锥形，表皮呈黄褐色、泥色，内里呈白色，常用于点心馅料的拌制。

沙葛在我国各地均有种植，特点为味清甜爽口、性寒，有清热、解暑等功效。

图2.31 沙葛

6）马蹄

马蹄（图2.32）学名荸荠，分为"湿身形""干身形"两种。"湿身形"即水马蹄，球茎顶芽尖，略平扁圆形，含淀粉较多，肉质粗，表面呈黑褐色，多在春季上市，适宜制粉，即马蹄粉。"干身形"即红马蹄，球茎顶芽钝平、扁圆形带凹，含水分较多，淀粉含量少，肉质甜嫩，渣少，爽脆多汁，可口，表皮呈枣红色或深棕色，适宜拌馅及制作点心。其特点为味甘、性寒，有消滞、解酒、清凉、生津等

图2.32 马蹄

功效，产地分布于江苏、安徽、浙江、福建、广东、广西等地。

7）韭菜

韭菜又称起阳草，分为宽叶和窄叶两种，宽叶质地柔嫩，色翠绿，辛辣味较淡；窄叶色翠绿，纤维多，辛辣味浓。韭菜可以遮光软化成韭黄，呈淡黄色，味美鲜嫩，大多用于点心馅料的拌制。

韭菜在我国各地均有分布，含有蛋白质、脂肪、维生素、矿物质、挥发油等，具有增加香味、健胃提神、温中、补气、散血、解毒之功效。

8）葱

葱是点心的常用香料，上叶下头，叶内空心。葱头为白色或红褐色，分大头葱及细头葱两种。大头葱为叶细葱头大，常用作点心拌馅；细头葱为叶大葱头小，常用作点心拌馅及点缀之用。

葱在我国各地均有种植，味辛辣，性温和，有刺激性气味，具有发汗解表、散寒通阳、解毒散结之功效。

9）鲜菇

图2.33　鲜笋

鲜菇又称为草菇，多寄生于草堆，因温度高、水分充足而腐生出真菌，从而形成草菇。必须注意，部分草菇有毒性，在野外尽量避免采食。草菇现已专门培植，产地分布于广东、广西、湖南、福建、江西和台湾等省区，上市期为每年4—10月，夏季食用效果较好。

鲜菇一般呈椭圆形，头顶呈鼠灰色或黑褐色，脚部边缘呈灰白色，菌肉色白；肉质爽滑鲜嫩，一般呈伞状，体积肥大为上品；反之，为次品。在点心制作中常用于馅料，既可增加营养（具有降低胆固醇，对肠癌细胞起抑制作用，解暑去热的功效），又可增加馅料的爽度。

10）鲜笋

鲜笋（图2.33）又称为竹笋，是竹的芽或嫩鞭，主要分布于热带、亚热带及温带地区。在我国主要产于珠江流域和长江流域等地，上市期每年为5—10月。

鲜笋一般呈锥形，外壳青黄色，带有茸毛，肉质白中带淡黄色。为便于保存和使用，现常将鲜笋加工处理成罐头笋，但味道带酸，鲜度稍差。通常要用枧水沸水煮过，除去酸味，方可使用。

鲜笋在点心制作中常用于拌馅，目的是增加馅的风味和爽度，将笋的味甘、消渴、利尿、益气、化痰清肺之功效融入馅中。

11）胡萝卜

胡萝卜（图2.34）分为长根种和短根种两种，长根种为长棒形、圆筒形或圆锥形，短根种为近球形或椭圆形，其表皮色泽有橘红色和黄色两种，肉质呈橙红、橘红、红褐色几种；在我国主要产于湖北、浙江、安徽、云南、广东等地。

图2.34　胡萝卜

胡萝卜含丰富的蛋白质、脂肪、碳水化合物、钙、磷、铁等营养成分，有味甘、性平、健胃、化滞、消食、润肠的特点，在中式点心制作中常用于拌馅及点缀之用。

12）白萝卜

白萝卜形状为圆锥形、圆球形、近球形、圆柱形等，表皮色白，肉质嫩脆，水分多，常用于糕品制作及拌馅之用。

萝卜在我国各地均有种植，其味辛甘、性凉，有宽中下气、消食化痰的功效。

13）绍菜

绍菜（图2.35）是大白菜的一种，又称黄芽白、天津白、黄芽菜等，菜质细嫩，微带甘甜，纤维少，风味较好。常用于白菜馅心的制作，如小葱香煎包馅心、白菜水饺馅心等。

图2.35　绍菜

【任务作业】

1. 香菇分类有哪些？五仁各指什么？
2. 香菇在点心制作中如何处理？
3. 举例阐述莲子在中式点心中的应用。

任务 8 酵母与食品添加剂

【任务描述】

酵母与食品添加剂是生产中式点心必备的重要原材料，是中式点心学习者必须掌握的知识点。酵母主要用于发酵类点心制作，食品添加剂在许多点心中都有应用，特别是在膨松类点心中应用较为广泛。酵母与食品添加剂对点心品质有很大影响。故学习酵母与食品添加剂的分类、性质及使用方法，对制作中式点心具有重大意义。

【学习目标】

1. 掌握酵母与食品添加剂的种类、性质及使用方法。
2. 能运用酵母与食品添加剂的性质解释膨松类点心的疏松原理。
3. 引导学生从职业角度出发学习酵母及食品添加剂的选择，时刻牢记食材的选择对人民身体健康的影响，严格按照国家标准使用食品添加剂，强化职业操守和法制理念。

【任务实施】

3.8.1 酵母

酵母又称依仕（酵母的英文Yeast的译音），是制作发酵类产品的一种重要生物膨松剂，主要应用于依仕皮、面包皮和小酵面皮，而发面皮则是利用面粉本身所含的天然酵母及自身酶的作用进行疏松的。

1）酵母的种类及其使用方法

酵母通常有以下4种。

（1）鲜酵母

鲜酵母（图2.36）又称压榨酵母，是酵母菌种在糖蜜等培养基中经过扩大培养和繁殖、分离、压榨而制成的。鲜酵母具有以下特点。

①活性不稳定，发酵力不高，一般在600～800 mL（产气毫升数）。鲜酵母的活性和发酵力随着贮存时间的延长迅速降低。因此，随着贮存时间的延长，鲜酵母需要增加使用量，从而增加了成本，这是鲜酵母的最大缺点。

②不易贮存。鲜酵母需在0～4 ℃的低温冰箱（柜）中贮存，增加了设备投资和能源消耗。若在高温下（如夏季室温）贮存，鲜酵母很容易腐败变质和自溶。低温下可贮存3周左右。

③使用方便。鲜酵母在使用前一般需用温水活化。

（2）活性干酵母

活性干酵母是鲜酵母经低温干燥而制成的

图2.36 鲜酵母

颗粒酵母，具有以下特点：

①使用比鲜酵母更方便。

②活性稳定，发酵力高，可达1 300 mL（产气毫升数）。因此，使用量稳定。

③不需低温贮存，可在常温下贮存一年左右。

④使用前需用温水活化。

（3）即发活性干酵母

即发活性干酵母（图2.37）是新近发展起来的一种发酵速度很快的高活性新型干酵母，主要生产国为法国、荷兰。近年来，我国广州等地也与国外合资生产即发活性干酵母。与鲜酵母、活性干酵母相比，即发活性干酵母具有以下特点。

①采用真空密封包装，包装后很硬。如果包装袋变软，则说明包装不严、漏气。

②活性远远高于鲜酵母和活性干酵母，发酵力

图2.37　即发活性干酵母

高。因此，在发酵类产品如面包、依仕皮制作中的使用量比鲜酵母和活性干酵母要少。

③活性特别稳定。在室温条件下密封包装贮存可达两年左右，不需低温贮存。

④发酵速度快。能大大缩短发酵时间，非常适合目前人们生活节奏快的要求。

⑤使用时不能直接与过热、过冷、高浓度糖溶液、高浓度盐溶液等高渗透压物质接触。

（4）半干酵母

半干酵母（图2.38）是一种含水量为20%的酵母，既有鲜酵母的发酵风味佳、活力强的特点，又有干酵母流动性好、适合称量和保质期长的优势。与以上3种酵母相比，半干酵母具有以下特点。

①活细胞率更高，减少对面筋的破坏，发酵风味佳。

图2.38　半干酵母

②相比鲜酵母，保质期长，可在 -18 ℃的条件下保存，活力损失小；具有干酵母同样的流动性，方便称量和使用。

③发酵速度快。能大大缩短发酵时间，但保存要求较高。

④使用时不能直接与过热、过冷、高浓度糖溶液、高浓度盐溶液等高渗透压物质接触。

2）酵母在发酵类产品中的作用

（1）生物膨松作用

酵母在面团发酵中产生大量的二氧化碳气体，同时，由于面筋网状组织结构的形成，而滞留在网状组织内，使面包疏松多孔，体积变大膨松。

（2）面筋扩展作用

酵母发酵除了产生二氧化碳气体，还增加了面筋的扩展作用，使酵母发酵产生的二氧化碳气体滞留在面团内，提高了面团保存气体的能力。如用化学疏松剂，则无此作用。

（3）改善发酵类产品的风味

酵母发酵时分解淀粉产生酒精、二氧化碳和其他与发酵类产品风味有关的挥发性和不挥发性化合物。这是形成发酵类产品特有的香味来源之一。

（4）增加点心的营养价值

酵母的主要成分是蛋白质，在酵母体内，蛋白质含量几乎占一半，且主要氨基酸含量充足，尤其是谷物中较缺乏的赖氨酸含量丰富。此外，酵母含有大量的B族维生素及尼克酸，提高了点心的营养价值。

3）影响酵母活性的因素

（1）温度

酵母生长的适宜温度为27～32 ℃，最适宜温度为27～28 ℃。因此，面团发酵前就应控制发酵室温度在30 ℃以下。27～28 ℃主要是使酵母大量增殖，为面团最后醒发积累后劲。酵母活性随温度升高而增强，面团内的产气量也大量增加，当面团温度达到38 ℃时，产气量达到峰值。因此，面团醒发时要控制室温在38～40 ℃。温度太高，酵母衰老快，也易产生杂菌；在10 ℃以下，酵母活性几乎完全停止。故在面包生产中，不能用冷水直接与酵母接触，以免破坏酵母的活性。

（2）酸碱度

酵母适宜在酸性条件下生长，在碱性条件下活性会大大减小。一般面团的pH值控制在5～6。如果pH值低于2或高于8，酵母活性都将大大受到抑制。

（3）渗透压

酵母细胞外围有一半透性细胞膜，外界浓度的高低影响酵母细胞的活性。面包面团都含有较多的糖、盐等成分，均产生渗透压。渗透压过高，会使酵母体内的原生质和水分渗出细胞膜，造成质壁分离，使酵母无法维持正常生长直至死亡。糖在面团中超过6%（以面粉质量计）则对酵母活性具有抑制作用，低于6%则有促进发酵的作用。盐在面团中的用量超过1%（以面粉质量计）时，即对酵母活性有明显的抑制作用。

（4）水

酵母的主要化学成分是水，许多营养物质都需借助水的介质作用为酵母所吸收。因此，调制面团时加水量较多、较软的面团，发酵速度较快。

（5）营养物质

影响酵母活性的最重要营养源是氮源。目前，发酵类产品中的营养物质均足以促进酵母繁殖、生长和发酵。

学习笔记

4）选购即发性活性干酵母的注意事项

从使用方便的角度出发，目前发酵类点心制作中使用的酵母种类大多为即发性活性干酵母。在选购即发性活性干酵母时应注意以下几点。

（1）包装

购买时首先要看包装是否结实，因为即发性活性干酵母是真空包装，非常结实，手摸硬度与石块一样。若发现包装有松动或松软，则说明包装不严实，切勿购买。

（2）商标

购买酵母时必须注意"高糖""低糖"字样，因为市售即发性活性干酵母，根据耐渗透压的不同已分为耐高浓度糖溶液和耐低浓度糖溶液两种，"高糖"字样的适于制作面包皮产品，"低糖"字样的适于不含糖或少糖的依仕皮、小酵面皮，所以，购买时一定要看清包装上"高糖"或"低糖"字样。对于法国燕子牌酵母来讲，"红燕"商标代表耐低糖，"黑燕"商标、金色包装代表耐高糖。

（3）生产日期

因为即发性活性干酵母的保质期一般为两年，所以购买时要看清生产日期，并且一次不能购买过多，应根据实际生产量而定。否则，大量买回后，闲置时间太久，会降低活性甚至失去活性，造成浪费。

3.8.2 食品添加剂

1）化学膨松剂

化学膨松剂又称疏松剂、膨大剂，是指能够受热分解产生气体，使点心体积膨大、组织疏松的一类化学添加剂。

（1）点心制作对化学膨松剂的一般要求

以最小的使用量产生最多的二氧化碳气体。在冷面团中，二氧化碳气体的产生较慢，一旦处于高温环境，能迅速而均匀地产生大量二氧化碳气体。制成品中的残留物质，必须无毒、无味、无臭、无色。化学性质稳定，在贮存期间不易变化。

（2）点心常用的化学膨松剂及性能

①发酵粉（图2.39）。发酵粉俗称泡打粉、发粉、焙粉。发酵粉主要由碱性物质、酸式盐和填充物3个部分组成。碱性物质唯一使用的是小苏打。填充物可用淀粉或面粉，分离发酵粉中的碱和酸盐，防止二者过早反应，又可防止发酵粉吸潮失效。发酵粉是根据酸碱中和反应原理制成的。随着面团和面糊温度的升高，酸盐和小苏打发生中和反应产生二氧化碳气体，使点心膨大疏松。

图2.39 发酵粉

点心用发酵粉作用的快慢主要由酸式盐的种类决定。因此，发酵粉可分为快速、慢速和复合型3种。

A. 快速发酵粉。即在常温下发生中和反应释放二氧化碳气体。这类发酵粉的酸式盐有酒石酸氢钾、酸性磷酸钙等。由于快速发酵粉释放的气体速度快，因此在点心制作中一般不使用。

B. 慢速发酵粉。即在常温下很少释放气体。这类发酵粉的酸式盐有酸性磷酸盐、磷酸铝钠、硫酸铝钠等。由于其在常温下很少释放气体，主要在入炉后产生，因此很少单独使用。

C. 复合型发酵粉。在点心制作中普遍使用，因其在常温下释放1/5～1/3的二氧化碳气体，2/3～4/5的二氧化碳气体在烘炉内释放。使用效果良好。

②食粉（图2.40）。食粉又称为小苏打、小起子，化学名为碳酸氢钠，单独作用于点心的产气量为261 m³/g。食粉是一种碱式盐，在点心制作中的

图2.40 食粉

作用机理是受热分解产生二氧化碳气体。分解温度为60～150 ℃，在270 ℃时失去全部气体。食粉能与酸性物质或酸式盐反应释放大量二氧化碳气体，故常用来配制复合疏松剂。此外，利用食粉产气制作的点心，质地多呈现松脆效果。

③溴粉（图2.41）。溴粉又称为臭碱、大起子，化学名为碳酸氢铵。溴粉是一种白色的结晶体，对热不稳定，在较低温度下可分解产生二氧化碳气体和氨气，并有氨溴味，吸湿性强，易溶于水，不溶于酒精。溴粉多与食粉配合使用，也可以单独使用。在点心制作中有松软、降低面筋筋力及增白的作用。

图2.41 溴粉

④枧水（图2.42）。枧水是木柴灰或香蕉头、茎等材料的浸出物，是一种微黄色液体，质地滑溜，具有一定的碱性（碱性是纯碱的1/3）。枧水在面点制作中使用比较方便，易于与面点原材料混合均匀。其作用是中和酸性物质，产生部分二氧化碳气体，增加面点制品的脆硬度及弹性，在馅料制作中可使肉粒变得更加爽滑。

⑤纯碱。纯碱的化学名为碳酸钠，分子式为Na_2CO_3。它是一种白色粉末或细粉，无臭，具碱味，易溶于水，溶解时释放溶解热，不溶于乙醇，有潮解性，吸湿后成硬块，水溶液呈碱性，pH值为10，遇酸分解释放二氧化碳气体。

在点心制作中，纯碱本身的碱性与酸性中和，产生大量的二氧化碳气体，达到疏松起发的目的。在没有酸性的面团中，加入适量的纯碱，能增强面团的弹性和延伸性，吃起爽口，如烧卖皮、云吞皮。

图2.42 枧水

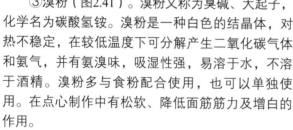

（3）常用化学膨松剂的保管

因为化学膨松剂的保管对其自身使用效果有较大影响，所以必须做好保管工作。化学膨松剂有以下特点：受热分解；吸潮后缓慢失去二氧化碳气体。此外，有些还与其他容器发生反应，如溴粉与铜发生反应生成蓝色的铜铵络合物等。因此，在使用化学膨松剂的过程中应注意以下几点。

①装载化学膨松剂的容器不能使用铜、铁、铝等金属品。

②经常加盖防止吸潮、氧化。

③按实际情况，适当分成小批量妥善保管使用。确保化学膨松剂经过较长时间仍能保持原有效能，避免浪费。

2）乳化剂

乳化剂也称面团改良剂、保鲜剂或抗老剂、柔软剂、发泡剂等，是一种多功能的表面活性剂，在食品中应用广泛。

（1）乳化剂在点心中的作用机理

①乳化作用。许多点心制品都含有大量的油和水，而油和水都具有较强的表面张力，互不相溶，形成明显的分界面，即使加以搅拌，静置后还是出现分层，不能形成均匀的乳浊液。如果不对油、水进行处理，就会严重影响点心成品的质量，造成点心质地不细腻，组织粗糙，口感差，易老化。如果加入少量的乳化剂，经过搅拌混合，油和水就会均匀地融合一体，形成稳定的乳浊液。这是由乳化剂特有的化学组成决定的：

乳化剂能使油和水均匀地乳化是因其具有特殊的分子结构。乳化剂是由亲水基和亲油基组合而成的，它的亲水基是指易溶于水或易被水所湿润的原子团，如—COOH、—OH、—XO_3、—PO_4等；它的亲油基是指易溶于油或易被油所湿润的原子团，如R— 等。当乳化剂加入到油和水的界面上，它的亲水端被水吸附，亲油端被水排斥；亲油端被油吸附，亲水端被水排斥。这就在油和水的界面形成了一层单分子膜，降低了油和水的界面张力，逐渐形成胶团，使油和水无法分离，达到乳化效果。

②改良面团作用。乳化剂适量地加入面团中，便能提高面团的弹性、韧性，增加面团的搅拌耐力，并使各种原材料分散均匀。对于发酵型点心，加入乳化剂能提高发酵耐力，改善面团持气性，并可增大点心体积。乳化剂的亲水基结合麦胶蛋白质，亲油基结合麦谷蛋白质，使面筋蛋白质分子相互连接起来，由小分子变成大分子，进而形成牢固的面筋网络，增强了面团的持气性，增大了点心体积。

③乳化剂的抗老化保鲜作用。常见的谷类点心如面包、馒头（依仕皮、发面皮）、蛋糕、米制品等，放置一段时间后，就会由软变硬，组织松散，破碎，粗糙，弹性和风味消失，这就是老化现象。而乳化剂就是最有效、最理想的抗老化剂和保鲜剂，这种作用与淀粉及其自身结构有密切关系。

谷类点心的老化主要是由淀粉引起，而直链淀粉又起着主要作用。直链淀粉呈螺旋形结构，而乳化剂则是平直的链结构。在点心加温过程中，乳化剂被紧紧地包裹在直链淀粉的螺旋结构中形成强复合物，阻止了淀粉粒之间的结晶从而防止了老化。

④乳化剂的发泡作用。大多数点心在制作时都需要疏松膨胀、充气发泡，而泡沫形成的多少与是否稳定，直接影响点心的疏松程度和内部的组织结构。加入适量的乳化剂后，泡沫的形成与泡沫的稳定程度均有所增加，这是由乳化剂可以降低界面张力的性质所决定的。

众所周知，泡沫是一种气体，一种分散在液体中的不均匀气体体系，也就是说，泡沫是由液体薄膜包围着的气体。而泡沫的稳定性必然受到液体薄膜的表面张力、强度及溶液黏度的影响。加入乳化剂后，乳化剂就吸附在气体与液体的界面上，增加了液体薄膜的强度，降低了界面张力，增加了气体与液体的接触面积，有利于发泡和泡沫的稳定性，并使各个气泡分布均匀，从而使点心的组织和质地更加细腻、均匀。

⑤提高油脂的稳定性。油脂是制作点心的重要原材料。油脂的稳定性、起酥性、可塑性则是点心制品的质量保证。加入适量的乳化剂，能够提高油脂间的凝聚力，使油脂互相结合形成晶体网状结构，从而提高了油脂的稳定性。这对重油类点心非常有利，可以防止因放置时间过长呈现油水分离现象，延长了点心贮存期，保证了点心质量。

（2）点心用乳化剂的种类

点心用乳化剂的种类繁多，根据其来源大致可分为天然乳化剂和合成乳化剂两大类。

①天然乳化剂。点心用天然乳化剂一般为脑磷脂和卵磷脂，例如在点心中应用较多的鸡蛋黄中就含有大量的磷脂。在点心制作中，加入蛋黄同样能使油和水与其他材料均匀地分布在一起，促进点心制品组织细腻，质地均匀，疏松可口，并具有良好的色泽，使制成品保持一定的水分，保持质地柔软。

②合成乳化剂。点心常用的合成乳化剂一般为单酸甘油酯和蔗糖脂肪酸脂。这种乳化剂一般不直接加入点心中，而是与氧化剂、发泡剂、氢化剂等合成使用。它们广泛分布于人造奶油、添加剂、改良剂、蛋糕油中，在制作点心时可直接或间接地达到改善组织、体积、口感、操作性等目的。

（3）乳化剂对点心的影响

①乳化剂对面包皮的影响。在面包皮的制作与生产中添加的乳化剂主要体现在面包改良剂及添加的一些辅助原料如鸡蛋、乳制品及油脂中，其有效成分主要是单酸甘油酯和磷脂。

乳化剂在面包生产过程中调节了面筋的弹性、韧性和延伸性，使面团在搅拌时减少了机械伤害程度，增强了持气性，并使面包体积增大，内部组织细致均匀，对切片面包的弹性改善较大，更加有利于切片，还与面包的淀粉结合，延长了保鲜期，减缓了面包的老化。尽管乳化剂对面包的改良作用如此之大，但使用时也应控制使用量，使用过多，会使面包失去应有的发酵香味和烘烤香味，使整个面包口感变差，降低了其应有的价值。

②对蛋糕品质的影响。蛋糕的疏松是利用蛋白的发泡性完成的。蛋白在经过强烈的机械作用后，蛋白薄膜将混入的空气包围起来形成泡沫，在加温时，泡沫内气体受热膨胀并且蛋白质发生变性，从而构成了蛋糕的松软组织。但是，蛋白的泡沫是很不稳定的，受多种条件的制约，如油脂、碱、酸、温度、光等。乳化剂的加入便可稳定泡沫，保留更多的气体，使蛋糕成品体积增大，并且使泡沫变得更加均匀细密，改善了蛋糕的内部组织结构。此外，加入乳化剂还缩短了蛋液的搅拌时间，有利于风味的分散，延缓了蛋糕成品的

老化，延长了保鲜期。蛋糕用乳化剂一般以蛋糕油的形式加入，另外蛋糕的辅助原料如鸡蛋、油脂中也含有乳化剂，故加入时不可过量。如蛋黄加入量不可超过全蛋的50%，否则蛋黄将使面糊过于黏稠，比重增大，体积相应减少，组织也不疏松。蛋糕油如果加入过多，也会对蛋糕造成负面影响。而且蛋糕油并不是人体必需的化学物质，不能被人体消化，只能从排泄系统排出，反而增加了肾脏的负担。蛋糕油本身具有一定的异味，使用过多会使蛋糕失去原有的蛋香味，使蛋糕难以上色，使成品表皮色泽不够，从而影响蛋糕成品的品质。

③对重油类酥点的影响。对牛油戟、曲奇、甘露酥、松酥皮等油脂含量较高的点心来讲，乳化剂的影响力是相当大的。油脂在点心中主要表现起酥性、润滑性、可塑性及充气性，而油脂在制作点心时，必然同部分水及其他原材料相结合，这就需要添加适量的乳化剂辅助进行水与油的均匀融合。在制作牛油戟、曲奇等点心时，油脂还需经过强烈的机械搅拌充入气体，形成泡沫，而乳化剂又能提高泡沫的稳定性与均匀度，从而使点心的体积增大，组织均匀细腻，并且延缓了老化，提高了品质。对于重油类点心，乳化剂的使用主要从复合型的油脂及其辅助原料如鸡蛋、乳及乳制品等加入的。如果加入过多，同样会影响成品的风味，危害人体健康。

④对其他点心的影响。乳化剂对于其他点心如含有适量的油、糖、水、蛋、乳等成分的制品来讲，均有改善成品组织状态、保湿、保气及增加成品的疏松程度和延缓老化的作用。但加入过量同样会使成品风味变差，危害人体健康。

（4）乳化剂在点心中的添加量

乳化剂在点心中的直接添加量一般不超过面粉的1%，在油脂中的添加量一般为油脂总量的2%～4%。而在打制蛋糕时，蛋黄的添加量一般不超过全蛋量的50%。

4）增稠稳定剂

增稠稳定剂是改善或稳定点心的物理性质或组织状态的添加剂。它可以增加点心的黏滑适口，可延缓点心的老化，增大点心体积，可增加蛋白膏光泽，防止砂糖再结晶，延长蛋白点心的保鲜期。点心制作常用的增稠稳定剂有以下几种。

（1）琼脂

琼脂又称洋菜、冻粉，是由红藻类植物石花菜及其他数种红藻类植物中浸出并经干燥制成的。琼脂不溶于冷水，微溶于温水，极易溶解于热水。0.5%以上浓度经煮沸冷却至40℃即形成坚实的凝胶。0.5%以下浓度形成胶体溶液而不能形成凝胶。1%的琼脂溶胶溶液在40℃形成凝胶后，93℃以上才能融化。琼脂溶胶凝固温度较高，一般在35℃即可形成凝胶。因此，在夏季不需冷却，使用很方便。

琼脂的吸水和持水性很强，在冷水中浸泡可以吸收20多倍的水。琼脂凝胶含水量可高于99%。琼脂的耐热性很强，有利于热加工。

琼脂在点心制作中常用于搅打蛋白膏、奶油膏，水果蛋糕的表面

装饰，制作果冻等。

（2）明胶

明胶是动物的皮、骨、软骨等含有的胶原蛋白，经部分水解后得到的高分子多肽类高聚合物。明胶不溶于冷水，在热水中溶解，溶液冷却后即凝结成胶块。凝固力比琼脂小，5%以下浓度不形成胶冻，一般在15%以上浓度才形成胶冻。溶解温度与凝固温度相差不大，30 ℃左右溶化，20～25 ℃凝固。与琼脂相比，凝固物具有柔软性，富于弹性。

明胶是亲水性胶体，具有保护胶体作用。明胶溶液有稳定泡沫作用，也有起泡性，特别是在凝固温度附近，起泡性最强。

明胶含有82%的蛋白质，具有一定的营养价值，可以制作多种点心。

（3）海藻酸钠

海藻酸钠又称褐藻酸钠，是从海带等褐藻类海藻中提取制成的。海藻酸钠不溶于乙醇，溶于水形成黏稠液体。加热到80 ℃以上则黏性降低，具有吸湿性。其水溶液与钙离子接触生成海藻酸钙从而形成凝胶。海藻酸钠是水合力非常强的亲水性高分子，在点心制作中应用广泛。

（4）果胶

果胶存在于水果、蔬菜及其他植物细胞膜中，主要成分是多缩半孔糖醛酸甲酯。果胶溶于20倍水形成黏稠状液体，不溶于乙醇，但用乙醇、甘油、蔗糖糖浆可润湿，与3倍或3倍以上的砂糖混合则更易溶于水，对酸性溶液比较稳定。果胶分为高甲基果胶和低甲基果胶。前者比后者的凝冻能力强。

除了以上几种增稠稳定剂，国内还有羧甲纤维素钠（钙）、阿拉伯胶、变性淀粉等其他品种。在点心制作中，可以根据不同需要进行适当的选择。

项目4 中式点心常用面团及形成机理

任务1 水调面团及形成机理

【任务描述】

水调面团是生产中式点心所占比例较大的一类面团，是中式点心学习者必须掌握的知识点。水调面团根据水温的不同可调制出不同性质的面团，将直接影响到中式点心成品的品质。故掌握水调面团的分类、形成机理及应用，对制作中式点心具有重大意义。

【学习目标】

1. 掌握水调面团的分类、性质及形成机理。

2. 能够用水调面团形成机理分析、解决水调面团点心成品出现的问题。

3. 引导学生从职业角度出发学习水调面团及形成机理，培养学生发现、分析、解决问题的能力，养成良好的职业素养，提高服务意识与质量意识。

【任务实施】

水调面团，又称筋性面团，是指用面粉、水等原辅材料通过直接混合、搓揉而成的有筋或无筋的面团。

4.1.1 水调面团分类

水调面团根据水温不同分为冷水面团、温水面团与沸水面团3种。

1）冷水面团

冷水面团是用室温下的水与面粉调制而成的面团，有时会根据产品的需要加入少量的盐或碱提高面团的筋性。冷水面团质地结实、有较大弹性与筋韧性，具有良好的延伸性。一般适用于水饺、春卷等点心。

2）温水面团

温水面团是指用温水（60 ℃）与面粉调制，或用部分面粉烫熟后加入调制而成的面团。面粉在60 ℃以上较高水温的作用下，部分蛋白质发生了变性，没有变性的部分还能形成一定量的面筋网络；部分淀粉发生了膨胀糊化，产生了黏性。面筋蛋白形成的一定量的面筋网络和淀粉的黏性共同作用形成面团。温水面团质地相对结实、色较白、有一定韧性、弹性及延伸性，有较好的可塑性，制作的点心不易变形。一般适用于煎饺、蒸饺等点心。

3）热水面团

热水面团是指用沸水烫制或蒸制，蛋白质发生了热变性，无法形成面筋网络，主要依靠淀粉膨胀糊化产生的黏性把其他物质黏合在一起形成的面团。热水面团柔软无劲、韧性差、黏性强、易成熟，成品色泽暗、微带甜味。多用于制作煎烙或烘烤品种，达到外脆内软的效果。

4.1.2 水调面团的形成机理

水调面团的形成主要通过水温的高低达到控制面筋形成程度的目的。水调面团的基本原理包括蛋白质的溶胀作用、淀粉糊化作用、黏结作用。

1）蛋白质的溶胀作用

蛋白质是高分子的亲水胶体化合物。由于蛋白质的表面有许多亲水集团，它们和水有高度亲和性。面粉是由小麦加工而来的，小麦中的蛋白质处于胶体状态，小麦未成熟时，原生质中的蛋白质胶体溶液具有一定的流动性，成熟后便由溶胶变成凝胶（湿凝胶），这个变化过程伴随着水分子的丢失，使蛋白质处于液态和固态之间的中间状态，这种现象称为胶凝作用。当湿凝胶进一步失水，体积减小，便成为固体物质（干凝胶）。

面粉中的蛋白质即为干凝胶。蛋白质形成干凝胶后，在一定条件下，可向相反方向转化。蛋白质干凝胶吸水，体积增大，形成湿凝胶，这一过程叫作蛋白质的溶胀作用。

在面粉加水进行调制的过程中，面粉中麦谷蛋白和麦胶蛋白迅速吸水溶胀，体积增大。膨胀了的蛋白质颗粒互相连接起来，形成具有黏弹性的面筋，经过揉搓，使面筋形成具有延伸性、弹性、韧性的面筋网络，即蛋白质骨架。同时面粉中的糖类（淀粉、纤维素等）成分均匀分布在蛋白质骨架之中，就形成了面团。

2）淀粉糊化作用

淀粉颗粒遇60 ℃以上的热水，就会大量吸水、破裂糊化，形成有黏性的糊精，黏结其他成分形成面团（如水调性热水面团）。

3）黏结作用

有些面团除水之外，还加入鸡蛋进行调制。蛋液是胶状物质，对面粉起黏结作用。

【任务作业】

1. 水调面团分为哪几类？各有什么特点？

2. 什么是蛋白质的溶胀作用？

3. 什么是淀粉糊化？

任务2 膨松面团及形成机理

【任务描述】

膨松面团是生产中式点心所占比例最大的一类面团，是中式点心学习者必须掌握的知识点。膨松面团根据膨松剂添加的不同，产生的膨松效果相差较大，将直接影响中式点心成品的品质。故掌握膨松面团的分类、形成机理及应用，对制作中式点心具有重大意义。

【学习目标】

1. 掌握膨松面团的概念、分类及膨松机理。
2. 能够用膨松面团的形成机理解释不同膨松点心的制作过程。
3. 引导学生从职业角度出发学习膨松面团及形成机理，培养学生发现、分析、解决问题的能力，养成良好的职业素养，提高服务意识与质量意识。

【任务实施】

膨松面团，就是在面团调制过程中加入适量的辅助原料，或采用适当的调制方法，使面团发生物理和化学反应，产生或包裹大量气体，通过加热气体膨胀使成品膨松，呈蜂窝、海绵状结构。

4.2.1　膨松面团的分类

膨松面团按膨松方法不同可分为生物膨松面团、化学膨松面团和物理膨松面团3种。

1）生物膨松面团

生物膨松面团是指在面团中加入酵母，或不加入酵母，但利用空气中的天然酵母，酵母菌再经过繁殖、发酵产生二氧化碳气体，使制品的体积增大。发酵应该在适当的环境下进行，如温度、湿度、酸碱度、渗透压力，适当的营养素等。生物膨松面团体积膨大，结构细密、柔软、呈海绵状、发酵香味醇厚。该面团按不同应用可分为依仕皮、发面皮、面包皮等。生物膨松面团一般适用于传统叉烧包、鲜肉提摺包、莲蓉寿桃包、香葱花卷、传统马拉糕、酥皮莲蓉包、叉烧餐包（雪山包和叉烧餐包）等点心的制作。

2）化学膨松面团

化学膨松面团是指利用各种化学疏松剂和粉类混合成面团，制成半制成品，经加温后产生大量气体，达到点心膨大疏松的目的。化学疏松剂的种类较多，粤点制作中常用的化学疏松剂有食粉、溴粉和泡打粉等。化学膨松面团体积疏松多孔，呈蜂窝或海绵状结构，成品呈蜂窝状的口感酥脆浓香，成品呈海绵状的口感柔软清香。一般适用于香麻笑口枣、广式炸油条、香甜马拉糕、冰花鸡蛋散、乳香咸煎饼等

点心的制作。

3）物理膨松面团

物理膨松面团是指利用原料本身特有的性质经不同方法处理、加温后达到体积增大的目的，主要通过机械作用或相对温度产生的气体使点心达到疏松的目的。在粤点制作中，物理疏松主要表现为利用蛋类、油脂类及水蒸气等介质进行。物理膨松面团按介质不同可分为蛋类膨松面团、油脂类膨松面团与水蒸气膨松面团。物理膨松面团体积疏松膨大，组织细密、呈海绵状，蛋香味浓郁。一般适用于中式蒸蛋糕、牛油戟、瑞士鸡蛋卷等点心的制作。

4.2.2　膨松面团的形成机理

1）生物膨松面团形成机理

生物膨松面团主要是指利用酵母菌类在点心面团中经过繁殖、发酵，产生二氧化碳气体和酒精等产物。二氧化碳气体使面团体积膨胀。酵母的发酵比较复杂，常伴有有机酸、酯类等中间产物的产生，使发酵后面团的酸度增加，pH值下降。而发酵产生的酒精、有机酸、酯类等形成了发酵点心的风味。可分为酵母类发酵及种类发酵两种。

（1）酵母类发酵机理

酵母类包括干性酵母、鲜酵母两种。酵母是一种微生物，在有氧和无氧的条件下都能存活。在面团中有养分、水的情况下，酵母进行旺盛的呼吸作用。随着时间的延长，在面团内产生的二氧化碳气体增多，而面团的面筋网将气体裹住而不能逸出，从而使面团内部形成蜂窝组织，再经受热面团中淀粉糊化，气体受热膨胀，蜂窝组织更大，从而使成品呈现松软状态。

（2）种类发酵机理

种类发酵也称为面种、糕种发酵，是利用面粉或米粉中存在的天然微生物（主要是酵母菌）进行发酵，发酵过程不加酵母。面粉或米粉与水接触后，在合适的温度和有氧气的环境下粉中的酶分解了糖类，提供给粉中的酵母进行发酵，形成一种多气孔组织的蜂窝体。

2）化学膨松面团的形成机理

由于化学膨松面团内含有化学膨松剂，经加温后，化学膨松剂受热分解，产生大量的二氧化碳气体，这些气体在生坯的加热初期被生坯内蛋白质形成的湿面筋包裹住。随着加热温度的增加，气体生成量的增大，湿面筋所特有的对气体的抗胀力，在突然形成的强大气体压力下，使生坯的厚度急剧增加。随着熟制时间的延续，膨松剂分解完毕，生坯的温度促使蛋白质受热变性凝固，此时面坯的厚度稍有变薄，最后完全定型。

3）物理膨松面团的形成机理

（1）蛋类膨松

蛋类膨松主要是利用蛋白的发泡性进行的，蛋白是一种亲水胶体，具有良好的起泡性。蛋白经过强烈的机械搅打，蛋白薄膜将混入的空气包裹起来形成泡沫，由于受表面张力制约，迫使泡沫成为球形，由于蛋白胶体具有黏度，于是加入的原材料附着在蛋白泡沫层四周，泡沫层变得浓厚坚实，增强了泡沫的机械稳定性。制品在熟制时，泡沫内的气体受热膨胀，增大了制品的体积，这时蛋白质遇热变性凝固，使制品膨松多孔并具有一定的弹性和韧性。

（2）油脂类膨松

油脂在空气中经高速搅打起泡时，空气中的细小气泡被油脂吸入，这种现象称为油脂的充气性。在调制油脂类膨松面团时，经过搅打，油脂、糖和蛋液充分乳化。在搅打过程中，油脂结合了一定量的空气，使体积膨大，再经烘烤加温，使点心体积更加增大、膨松。

（3）水蒸气膨松

面团或者面糊中的游离水，经加温后发生相变，成为气体，造成内部压强大于外部压强，从而导致点心制品膨胀。如冰花蛋散、层酥等点心的制作。

【任务作业】

1. 膨松面团分为哪几类？各有什么特点？
2. 简述生物膨松面团的膨松机理。
3. 物理膨松面团分为哪几类？各有什么特点？

任务❸ 油酥面团及形成机理

【任务描述】

油酥面团是生产中式点心所占比例较大的一类面团，是中式点心学习者必须掌握的知识点。油酥面团根据生产工艺的不同，可使点心产生不同的效果，将直接影响中式点心成品的品质。故掌握油酥面团的分类、形成机理及应用，对制作中式点心具有重大意义。

【学习目标】

1. 掌握油酥面团的概念、分类及形成机理。
2. 能够用油酥面团的形成机理解释不同油酥点心的制作过程及品质。
3. 引导学生从职业角度出发学习油酥面团及形成机理，培养学生发现、分析、解决问题的能力，养成良好的职业素养，提高服务意识与质量意识。

【任务实施】

油酥面团主要是油和面粉调制而成的面团，此类面团调制的成品具有酥松膨大、分层次、外形美观等特点。

4.3.1 油酥面团的分类

油酥面团根据加工工艺不同可分为层酥面团和混酥面团。

1）层酥面团

层酥面团又称水油酥，是我国古代点心皮类之一，其制成品的品种较多，如岭南鸡蛋挞、萝卜酥、莲藕酥、酥盒、老婆饼、蛋黄酥等。层酥类点心是以面粉和油脂作为主要原料调制成水皮和酥心，水皮是由面粉、水、糖等调制而成的面团，酥心则由面粉和油脂调制而成，这样两块性质完全不同的面团，经过包、擀、叠、卷等开酥方法形成面层与油层交替排列的面团，经过熟制后产品具有层次清晰、酥松而脆的口感特点。

层酥类点心在制作中，工艺复杂、精细、制作要求高，耗时。根据层酥的特点可以分为明酥、暗酥和半明半暗酥。

（1）明酥

明酥（图2.43）是指将开大酥的层酥皮几层叠起或一层卷起成圆柱体，再根据所制成品的不同种类用刀切出表面呈现酥纹、制成品表面可见明显酥层的制作方法。明酥又分圆酥、直酥、平酥与剖酥。

①圆酥。将层酥皮卷起成圆柱体后用刀横切成面剂，面剂的刀口呈螺旋形酥纹，以刀口面向案板直接按成圆皮进行包捏成形，使圆形酥纹露在外面。如芋茸酥、榴莲酥、韭菜酥盒等点心。

②直酥。将多层层酥皮叠在一起，然后用刀切出有直线酥纹的小方体，以刀口面向案板直按成方形皮或用印模印成圆形皮进行包捏成形，使直形酥纹露在外面。如鲍鱼酥、萝卜酥、莲藕酥等点心。

③平酥。将层酥皮根据不同制品的要求擀压至一定的厚度，用刀直接切出或用印模印出小件，再包馅、成形或直接成熟。如千层酥、蛋挞、椰挞、蝴蝶酥、叉烧酥等点心。

④剖酥。在暗酥的基础上剖刀，经成熟使制品酥层外翻。如油炸菊花酥、海棠酥、荷花酥、玉兰酥等点心。

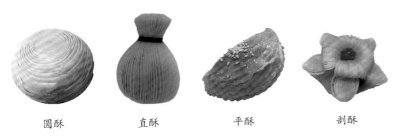

| 圆酥 | 直酥 | 平酥 | 剖酥 |

图2.43 明酥

（2）暗酥

暗酥（图2.44）是指酥层藏在内部，表面看不到酥层或较少看到酥层。如老婆饼、皮蛋酥、蛋黄酥、绿豆饼等点心。

（3）半明半暗酥

半明半暗酥的酥层有一部分显露在外面，另一部分藏在内部。一般是将起酥后的坯皮卷成圆筒形后切段，用手沿45°斜按下去，再开体包馅，螺旋纹酥层露在外面。如寿桃酥，此种做法在现实中应用较少，大多用明酥工艺代替。

图2.44 暗酥

2）混酥面团

混酥面团以低筋面粉为主，加入适量的油、糖、蛋、乳、疏松剂、水等，原材料经调制加工，成为一种无筋性或筋性较小的面团。混酥面团制成的点心一般体积膨松、口感酥脆。如合桃酥、甘露酥等。

4.3.2 膨松面团的形成机理

1）层酥面团的形成机理

（1）油酥心形成机理

利用油脂的表面张力与黏性，油脂易黏附在粉粒表面，表面张力作用使其自动收缩，将所有粉粒吸附。在调制时，要反复地擦制，增大油脂与粉粒的接触面，从而增大油对粉粒的吸附能力，再利用黏性成团。由于油脂的疏水性，而面团又未加水，无面筋生成，淀粉也不能胀润糊化具有黏性，因此油脂与面粉结合比较松散，缺乏韧性与弹性，从而形成酥性结构。

（2）层酥面团形成机理

制作层酥面团时，在有一定筋韧性的水皮面团内包入油酥心，经擀制，折叠后形成具有多层油脂与面皮相间层次的面团，此面团经成型后一经加温，面团中水分受热后产生水汽胀力，自下而上将面皮层

层托起，待水分蒸发完全时，层酥类成品的体积可膨胀为原先的数倍，从而形成疏松多层的组织结构。

2）混酥面团形成机理

混酥面团是由面粉、油脂、白糖、鸡蛋、乳品、水及适量的膨松剂等调制而成的面团。混酥类点心的油、糖含量较高，而面粉中加入油脂，面粉颗粒就会被油脂包围，从而阻碍了面粉吸水，抑制了面筋的生成。另一方面，面团中的鸡蛋、乳品含有磷脂，磷脂是良好的乳化剂，可以促进面团中油水乳化，乳化越充分，油脂微粒或水微粒就越细小，这些细小的微粒分散在面团中，能很大程度上限制面筋网络的大量生成。从而形成细腻柔软的面团，当成形的半成品被烘烤、油炸加温时，油脂遇热流散，气体膨胀，从而使点心内部结构碎裂成很多孔隙而成片状或椭圆状的多孔结构，食用时口感酥松。此外，调制混酥面团时常常添加化学疏松剂，如食粉、溴粉或发酵粉等，这些化学疏松剂分解产生的二氧化碳气体能补充面团中气体含量的不足，从而增大点心的酥松性。

【任务作业】

1. 油酥面团可分为哪几类？各有什么特点？
2. 简述层酥面团的膨松机理。
3. 明酥可分为哪几类？各有什么特点？

任务 4 米粉面团及形成机理

【任务描述】

米粉面团是生产中式点心所占比例较大的一类面团，是中式点心学习者必须掌握的知识点。米粉面团根据原材料选择及生产工艺的不同，可能会使点心产生不同的效果，将直接影响到中式点心成品的品质。故掌握米粉面团的分类、形成机理及应用，对制作中式点心具有重大意义。

【学习目标】

1. 掌握米粉面团的概念、分类及形成机理。

2. 能够用米粉面团的形成机理解释不同米粉类点心的制作过程及品质。

3. 引导学生从职业角度出发学习米粉面团及形成机理，培养学生发现、分析、解决问题的能力，养成良好的职业素养，提高服务意识与质量意识。

【任务实施】

米粉面团是指将糯米、粳米或籼米磨成粉后与水及辅助原料调制而成的面团，或者将一种或几种米的混合物与水混合磨制米浆。

4.4.1 米粉面团的分类

米粉面团按加工工艺及产品形态不同可分为糕类粉团、团类粉团和发酵粉团3种。

1）糕类粉团

糕类粉团是米粉面团中经常使用的一种粉团，根据成品的性质一般可分为松质糕和黏质糕两种。

2）团类粉团

团类粉团又称团子，一般可分为生粉团和熟粉团两种。

3）发酵粉团

发酵粉团是指以籼米粉调制而成的粉团，是用籼米粉加水、糖、膨松剂等辅料经过保温发酵制成的。其制品松软可口，体积膨大，内有蜂窝状组织。如棉花糕、松糕、伦教糕等。

4.4.2 米粉面团的形成机理

1）利用淀粉的膨胀糊化产生的黏性形成粉团

米粉主要由淀粉与蛋白质组成，所含的蛋白质主要是谷蛋白与谷胶蛋白，所含的淀粉多是支链淀粉。米的种类不同，成分也有所不同，如糯米粉含100%的支链淀粉，粳米粉含82%的支链淀粉；而籼米粉中支链淀粉的含量约为30%。支链淀粉含量越多，其熟制后面团

黏韧性就越大，故糯米粉和粳米粉制作出来的粉团熟制后黏韧性比较强，原因在于含有较多的支链淀粉。米粉面团的成团原理，就是淀粉在沸水的作用（或蒸制或煮制的条件）下发生膨胀糊化产生黏性形成粉团。

2）熟制成块的原理

米粉面团中的淀粉在沸水作用（或蒸制或煮制或炸制或煎制的条件）下发生膨胀糊化产生黏性形成一个整体。

3）挤压成形的原理

米粉与一定量的冷水结合形成粉粒，在外力作用下，利用米粉之间的微弱黏性经过挤压形成一定的形态。

【任务作业】

1. 米粉面团分为哪几类？各有什么特点？
2. 论述米粉面团的膨松机理。

任务 5 其他面团及形成机理

【任务描述】

其他面团是中式点心面团中一些较小类面团的统称，涉及的种类较多，品种较杂，在生产中式点心中所占比例比较大，是中式点心学习者必须掌握的知识点。其他面团根据原材料选择及生产工艺的不同，可能会使点心产生不同的效果，将直接影响到中式点心成品的品质。故掌握其他面团的分类、形成机理及应用，对制作中式点心具有重大意义。

【学习目标】

1. 掌握其他面团的概念、分类及形成机理。
2. 能够用其他面团的形成机理解释不同点心的制作过程及品质。
3. 引导学生从职业角度出发学习其他面团及形成机理，培养学生发现、分析、解决问题的能力，养成良好的职业素养，提高服务意识与质量意识。

【任务实施】

除了水调面团、膨松面团、层酥面团、米粉面团，还有许多小类面团在点心制作中广泛运用，这些小类面团统称为其他面团。

4.5.1 其他面团的分类

其他面团按照原材料的选择、制作工艺等不同可分为杂粮面团、糖浆面团、蛋面面团、鱼（虾）蓉面团等。

1）杂粮面团

杂粮面团是指用各种杂粮（如玉米、荞麦、高粱、豆类等）加工成粉料，蔬菜榨汁，其他淀粉含量较高的植物如薯类、南瓜、莲子、栗子等制熟加工成泥蓉，经调制加工而成的面团。

2）糖浆面团

糖浆面团以面粉配以转化糖浆为主进行调制的面团，一般用于制作广式月饼糖浆皮、腐乳饼皮等，也有加入麦芽糖制作的糖浆面团，如鸡仔饼皮等。

3）蛋面面团

蛋面面团是以面粉配鸡蛋为主经过加工调制而成的一类面团。一般用于制作萨其玛、蛋散面团等。

4）鱼（虾）蓉面团

鱼（虾）蓉面团主要是将鱼（虾）肉剁烂成蓉，配以精盐搅拌至起胶黏性，再配以生粉形成的一种面团。一般用于制作鱼皮鸡粒角、百花虾皮脯等点心。

4.5.2 杂粮面团的形成机理

其他面团所用原料的主要成分是淀粉和蛋白质，淀粉和蛋白质在加工过程中发生理化反应使面团黏性增加成粉团或肉团。根据原料不同，成型机理分为以下两种。

1）利用淀粉的膨胀糊化产生的黏性形成面团

其他面团中原料所含的淀粉在沸水的作用（或蒸制或煮制的条件）下发生膨胀糊化产生黏性从而形成粉团；其原理是利用糊化后的淀粉与固态油脂混合后，在适宜的油温下发生淀粉的重新分离而产生丝状或疏松状，使产品入口即化，外松脆内软香。也可以利用面团中淀粉在糊化后产生黏性，在外力作用下，利用淀粉粒之间的黏性经过挤压形成一定的形态。

2）利用鱼（虾）蓉的胶黏性形成团块

鱼（虾）蓉加水在电解质的作用下，肉中盐溶蛋白（主要是肌球蛋白和肌动蛋白）析出，产生黏胶状的胶体，从而粘连在一起形成团块。在熟制时，鱼（虾）蓉与配料中的蛋白质受热凝固，从而形成一个整体。如鲮鱼球制作过程中，加入精盐，在机械作用下，鲮鱼肉中的盐溶蛋白被抽提后，与水、脂肪及其他物质形成稳定的胶状体，经过加温制成富有弹性的球状成品。

【任务作业】

1. 其他面团一般是指什么面团？各有什么特点？
2. 简述糖浆面团的形成机理及应用。

模块 3

中式点心生产的设备与工具

项目5 中式点心生产的设备与工具介绍

【项目描述】

中式点心制作常用的设备与工具在生产中起着重要作用，了解与掌握不同设备与工具的应用是学习中式点心的基础，不同的中式点心制作对应不同的设备与工具，掌握其使用方法对制作中式点心具有重大意义。

【学习目标】

1. 了解中式点心生产中常用的设备与工具。
2. 掌握中式点心生产中常用的设备与工具的性能。
3. 引导学生从职业生产角度出发学习中式点心生产的设备与工具，养成良好的职业素养与安全意识。

【任务实施】

5.1 中式点心生产的设备

5.1.1 烘炉

在点心制作中，烘炉是主要的加热工具，特别是在西点制作过程中，烘炉显得尤为重要。常见的烘炉有远红外烘炉、燃气烘炉和微波烘炉等。

1）远红外烘炉

远红外烘炉是指利用远红外线辐射加热的一种烘炉。此类烘炉具有加热速度快、生产效率高、烘焙时间短、节电省能的优点，所以，是目前国内使用最广泛的一类烘炉。

此类烘炉可分为以下3种：隧道式烘炉、旋转式烘炉和箱、柜式烘炉。

（1）隧道式烘炉

隧道式烘炉（图3.1）包括钢带隧道式烘炉、网带隧道式烘炉、烤盘链条隧道式烘炉和手推烤盘隧道式烘炉等。前3种隧道式烘炉分别是以钢带、网带、链条来传送点心，一般采用机械化操作，生产效率高，适用于大型生产量的食品企业。而手推烤盘隧道式烘炉无机械传动装置，烤盘入炉及其在炉内运动主要依靠人力的推动。炉体较短，结构简单，适用于小型生产量的食品企业。此类烘炉最大的优点是温度可以分段控制，在烘烤点心时对点心成品在加温中的影响较小，缺点是耗电量及耗能大，不能广泛使用。

图3.1 隧道式烘炉

（2）旋转式烘炉

旋转式烘炉（图3.2）有两种旋转运动形式，一种是吊篮风车式，一种是架子式，即

图3.2　旋转式烘炉

A.

B.

图3.3　箱、柜式烘炉

将点心装到一个架子车上，直接推入烘炉内挂在烘炉顶部的旋转挂钩上，边旋转、边烘焙。旋转式烘炉的最大优点是炉内各部位温差小，烘焙均匀，生产能力大。缺点是耗电量大，手工装卸产品，劳动强度大。此类烘炉适合于中小型点心厂使用。

（3）箱、柜式烘炉

箱、柜式烘炉（图3.3）一般分为几层，如三层九盘式，三层六盘式，两层四盘式，一层一、二盘式等。此类烘炉节电节能，烘烤速度快，操作简单，易于控制。目前是我国小型饼屋、酒店及宾馆普遍使用的一类烘炉。

2）燃气烘炉

燃气烘炉是以液化气为燃料的一种烘烤加温装置，一般采用比较先进的液晶电子仪表控温，炉内设计有隔层式的运气通道、常闭自动电磁阀、防泄漏的点火及报警装置。此类烘炉首先解决了电热式烘炉需要三相电的烦恼，并且节能节电，降低了点心的制作成本，使用非常方便。所以，此类烘炉将会成为我国烘烤食品的首选加热设备。

3）微波炉

微波炉是利用炉内的磁控管产生一种类似于光波（即无线电波）的能量，从而使食物内部的分子来回剧烈运动，进而在食物内部产生大量热量，使食物迅速受热膨胀并成熟，达到烘烤加温的目的。微波炉加热的优点是加温时间短、穿透力强、食品在加温时能达到内外一起熟等。但是因为微波不产生辐射现象，所以用微波加温成熟的点心不能满足人们对色泽的要求。因此，微波炉在点心制作中使用较少。

5.1.2　发酵箱

发酵箱（图3.4）是针对酵母疏松类点心专门设计的。对于大型点心制作企业，

图3.4　发酵箱

图3.5　搅拌机　　　　　　　　　　　图3.6　蒸煮炉

一般采用自制的发酵温室进行点心发酵；对于生产量较小的饼屋或酒店点心部来讲，发酵箱是必备设备。此设备具有自动调节温度和湿度的功能，在酵母类疏松点心中对酵母的生长繁殖可以很方便地进行控制。

5.1.3　搅拌机

搅拌机（图3.5）在点心制作中的应用是非常广泛的，是利用电机的高速转动带动搅拌工具达到目的。目前，市售搅拌机一般为多功能搅拌机，即集搅拌、和面、打蛋等功能于一体，均设有高速、中速、慢速等转速挡，便于搅拌过程中根据不同点心制作要求进行适当的调节，可节约大量的人力。搅拌机的用途：在点心制作中，搅面团、做蛋糕时搅打鸡蛋、做各种点心时搅拌肉类等馅料，等等。

5.1.4　蒸煮炉

蒸煮炉（图3.6）是以水为传热介质，利用沸水或蒸汽将点心加温至熟的一种加温设备。燃料一般有煤炭、煤油、液化气、电等。目前，市售蒸煮炉均有比较全面的辅助工具，如鼓风机、进燃料管道、控制阀门、防水、排水、炉盘等，在点心制作中可以根据不同点心对加温所需火力进行适度的调节（如通过调节进油阀门和风力可以调节火力的大小等），使用极为方便。

5.1.5　案台

案台（图3.7）是点心制作必要设备，主要用来搓皮，是包制各式点心所用的平台。一般选用经水浸透的松木较为理想。

5.1.6　炒炉

现在多用燃气炒炉，主要用于炒制馅料、推芡、炸制各式点心。使用时注意安全，熟练掌握其性能，宜先点火后放气，要求火焰颜色以白黄为佳。

图3.7　木质案台

图3.8 肠粉炉　　　　　　　图3.9 和面机

5.1.7 肠粉炉

肠粉炉（图3.8）有柜式和布拉式两种，以布拉式拉制的肠粉较佳，柜式拉制的效果不如前者，胜在较方便，易操作。使用时必须将用具洗干净，检查水位。操作时注意适时加水。

5.1.8 和面机

和面机（图3.9）主要用于调制筋性较大的面团，如面包类面团，使用时先洗净后投放材料。

5.1.9 压面机

压面机（图3.10）分为快速和慢速两种，其主要作用是反复压制面团使之变得更加纯滑。操作时必须注意安全，手不能太靠近滑轮，以防意外。

5.1.10 蒸柜

蒸柜（图3.11）是用于蒸制食物的设备，分为电热（发热管）和电磁（涡流感应加热）两种，电热式蒸柜的发热管技术投入少，热效率利用为40%（耗电量大）；电磁式蒸柜分为高配置和低配置两种。

图3.10 压面机　　　　　　　图3.11 蒸柜

图3.12 搅肉机

图3.13 开酥机

5.1.11 搅肉机

搅肉机（图3.12）是拌馅常用设备。主要用于搅碎肉类或植物类原料，使用时需清洗干净。要求先将肉类或植物类原料切成小块，逐量放入，忌放有骨头或有筋性、较硬的原料。用后立即清洗晾干。

5.1.12 开酥机

开酥机（图3.13）是近年来较为先进的开酥设备，使用时只需将水油皮放入，调得适当的厚薄，便可开启开关，既方便又快捷，免去复杂的槌制过程。使用前后都要清理卫生。

5.2 中式点心生产的工具

5.2.1 刀具

中式点心制作中经常用到刀具，刀具种类很多，中式点心最常用的有刮刀、桑刀、拍皮刀、抹刀、蛋糕刀等。

1）刮刀

刮刀（图3.14）是一种无刃刀具，有塑胶刮刀和不锈钢刮刀两种，主要用于面团的调制与分割以及案台的清理。

2）桑刀

桑刀（图3.15）有铁制和不锈钢两种。中式点心制作中常用铁制桑刀，多用于馅料制作及成品造型的切割。

3）拍皮刀

拍皮刀（图3.16）是采用较为精细的不锈钢材料精制成的刀具，在中式点心制作中常用于拍制质地较薄的皮料如虾饺皮、粉果皮及酥皮面包上的酥皮等。

图3.14 刮刀

图3.15 桑刀

图3.16 拍皮刀

图3.17 常用的台秤

5.2.2 称量工具

目前，中式点心制作主要使用台秤进行称量，常用的台秤（图3.17）有电子台秤、机械台秤等。

5.2.3 制皮工具（图3.18）

在中式点心加工包馅前，一般要经过制皮工序，制皮一般采用木制的专用工具进行。目前，我国常用的制皮工具主要有酥棍、通槌、面棍等。

5.2.4 各种盘具（图3.19）

中式点心制作常用的盘具主要有九寸方盘、蒸盘、烤盘等。

5.2.5 其他工具

中式点心制作的其他工具有：印模、面粉筛、打蛋器、喷水器、刷子、不锈钢盆、耐热手套、糕盆、漏勺、笊篱、晶饼模、月饼模等。

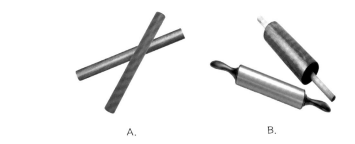

A.   B.

图3.18 制皮工具

A.   B.   C.

图3.19 各种盘具

【任务作业】

1. 常见的远红外烘炉有哪些？
2. 多功能搅拌机一般有几个搅拌器？各有什么用途？
3. 举例说明中式点心厨房必备的机械与设备。

项目6 主要机械设备的安全操作规程与维护保养

【项目描述】

机械设备的安全操作对中式点心制作者及他人的生命安全至关重要，掌握各项设备的安全操作规程，对学习中式点心具有重大意义。

【学习目标】

1. 了解中式点心生产中常用设备的安全操作规程及维护保养常识。

2. 使学生具备中式点心生产中常用设备的安全操作与维护保养能力。

3. 引导学生从职业生产角度出发学习机械设备的安全操作规程，养成良好的职业素养、安全意识及质量意识。

【任务实施】

6.1 主要机械设备的安全操作规程

6.1.1 蒸汽型蒸煮炉的安全操作规程

①使用前先将点心半成品放入蒸煮炉，盖好笼盖。

②打开蒸汽阀门使蒸汽进入炉内蒸制。

③蒸制结束后，关闭蒸汽阀门，打开蒸笼取出点心成品。

④禁止先开蒸汽阀门，后放点心半成品。

6.1.2 燃料型蒸煮炉的安全操作规程

1）柴油蒸煮炉的安全操作规程

（1）开炉

先打开鼓风机电源开关，检查电源是否接通，检查完毕关闭鼓风机电源开关。打开总控油阀，再打开分控油阀，放出少许油后，关闭分控油阀，用火点燃后逐渐加油、加风，直至火焰稳定。

（2）关炉

先关闭总控油阀，然后关闭分控油阀，直至无火苗后，再关闭鼓风机电源开关，最后关闭总电源开关。

（3）突发事件处理

①使用中突然停电时，首先应关闭分控油阀，再关闭风机，待恢复供电后，按开炉操作规程开炉。

②使用中出现锅内沸水溢出将火浇熄时，首先应关闭分控油阀，再关闭风机，然后重新开炉。

2）液化气蒸煮炉的安全操作规程

（1）开炉

先打开鼓风机电源开关，检查电源是否接通，检查完毕关闭鼓风

机电源开关。打开控气总阀门，先点燃少许纸屑放入炉膛，打开控气分阀门，然后打开鼓风机电源开关，逐渐加大液化气量、加风，直至火焰稳定。

（2）关炉

首先关闭控气总阀门，其次关闭控气分阀门，再关闭鼓风机电源开关，最后关闭总电源开关。

（3）突发事件处理

①使用中突然停电时，首先应关闭控气分阀门，再关闭风机，待恢复供电后，按开炉操作规程开炉。

②使用中出现锅内沸水溢出将火浇熄时，首先应关闭控气分阀门，再关闭风机，然后重新开炉。

6.1.3 远红外烘炉的安全操作规程

①首先接通烘炉电源开关，可见各层电源指示灯亮，需工作的烘烤层，根据需要分别设定上火、下火控温仪的数值。

②当烘炉内温度达到预定温度时开始恒温，此时开始烘烤食品。

③烘烤点心制品可以预先调定电子定时器，烘烤开始时接通定时器开关，烘烤定时毕，定时器会自动鸣音提醒出炉。

④在烘烤过程中，需根据实际情况，调节手动排气装置。若需观察炉内情况，可按下"照明"开关，此时炉内照明灯亮，即可通过炉门检视窗进行观察。

⑤烘烤结束后，先将烘炉各层的上火、下火功率选择开关置于"停"，然后切断烘炉总开关和蒸汽发生器总开关。

⑥使用过程中，禁止大力开关烘炉门，取出加温过的点心制品时，需用专用防烫手套，或用几层半湿厚布垫手拿取烤盘，并且刚从烘炉内取出的热盘要放上警示标志，以防烫伤。

6.1.4 压面机的安全操作规程

①使用压面机前应检查三相380 V电源连接是否正确、牢固，检查方法是合上开关，滚筒按规定方向滚动即为正确，否则应改变电源线的接法，使机器安全可靠地接地。

②使用过程中，只能在压面机两滚筒上方料斗内放入面团，在下方接住被压过的面团，对折后又放入上方料斗，多次滚压。

③切面机工作中手不能伸进防护栏，严禁拆除防护栏操作，以免发生伤人事件。

④停机后必须切断电源。

⑤经常检查机器运转是否正常，注意保养和维修。

⑥机器应定期清洗，保持良好的卫生状态。

6.1.5 搅拌机的安全操作规程

①首先检查搅拌机的开关是否打开，然后接通电源。

②正确使用各搅拌器及机器搅拌的最大容量。

③一台搅拌机只能由一名操作工操作，切勿在工作过程中，将手或其他杂物放入搅拌桶内，必须在确保安全的情况下，才能打开电源开关。

④操作毕，关掉电源，把机器清洗干净。

⑤定期对机器进行保养。

6.2 主要机械设备的维护与保养

6.2.1 设备维护与保养要求

①机械设备在使用中应严格遵循说明书规定的操作说明，勿使设备超负荷工作，同时尽量避免长时间连续运转，以延长设备的使用寿命。

②机械设备每年至少保养一次，主要部件如电机、转动装置等需定期拆卸检查。

③电机需安装防尘罩。

④机械设备的外观需始终保持清洁，对遗留在设备上的污物应及时清理干净，可用肥皂水或弱碱水擦洗，切勿用钝器或其他尖锐器具铲刮，避免刮花留痕。

6.2.2 冰箱的维护与保养

①定期清洗电冰箱（库、柜）的内部及外表。

②冰箱内任何溢出物或堆存食品都应及时清理干净，以减轻冰箱的制冷负荷，减少与冰箱部件的摩擦。

③可用清水或小苏打溶液清洗冰箱内壁，并擦拭干净。可抽移部件应取出洗净晾干。冰箱表面应用温水清洁，必要时可用弱碱性肥皂水擦洗揩干，并可加涂抛光蜡，使冰箱外观保持清洁。

④在对电冰箱（库）进行除霜处理时，应清空冰箱，关闭电源，使其自动除霜。为缩短除霜时间，可用塑料刮霜刀刮霜。切忌使用尖锐器具刮铲冰箱，更不能用刀敲击结霜部位，以免损坏冰箱部件。此外，不能用热水冲刷冰箱，以免冷冻管爆裂，损坏制冷设备。

⑤电冰箱若久置不用，应清空全部食物，内外洗净、擦干，关闭电源，拔出插头，晾干后封存。

6.2.3 烘炉的维护与保养

①烘炉（箱）应尽量避免在高温挡状态下连续使用。

②烘炉用毕应立即关闭电源或截门。

③烘炉预热时间不宜过长，一旦达到所需的烘烤温度，就应立即放入待烘烤的食物，干烧对烘炉的损害最大。

④烘炉不宜水洗，可以干擦，以防触电。最好用烘炉清洁剂擦洗，但对烘炉内衬含铝部件不能用烘炉清洁剂或氨清洗。

⑤烘炉用具在使用后应立即移离烘炉，并浸于清水中洗净、擦干。

⑥烘炉外壁需经常清理，可用洗涤剂或弱碱水洗涤，以保持外观整洁。切忌使用钝器铲刮。

⑦新烤箱在使用前，必须参照使用说明书，以免发生误操作和损坏。

6.2.4 多功能搅拌机的维护与保养

①每日用毕都要清洁搅拌器，用蘸水湿毛巾清洁搅拌钩、分割架和搅拌缸，缸内不得有积水。

②每周需对整台搅拌机进行清洁。切勿用水冲洗，以防水进入电器或传动轴承内，导致设备损坏；检查设备安放是否平稳。

③每月或每季度需用黄油枪给轴承座上的所有黄油孔加油，链条、齿轮部分需加润滑油。

④定期检查皮带或链条的松紧度，防止打滑造成皮带或链条损坏。

6.2.5　蒸柜的维护与保养

①必须时刻保持水箱内有足够的水量，以免发生缺水故障（烧坏发热管和线路）。

②给水阀门保持常开状态，同时，要经常按下浮球观察自来水压力与流量是否正常和畅通。

③每日工作毕，应将内胆的废水从蒸柜底部的排水阀放出，并把柜内体冲刷干净。

④每周应检查柜内是否结垢，如结垢可用5%的柠檬酸溶液注入水箱内加热煮沸10～15 min，浸泡1 h，再煮沸10～15 min，清除水垢，排出污水，反复清洁几次即可。

【任务作业】

1. 你认为设备维护对生产效益有无影响？

2. 中式点心常用设备的保养要求有哪些？

3. 举例说明中式点心常用设备进行维护保养对生产的作用。

模块 4

中式点心熟制方法与成本核算

项目7 中式点心熟制方法

【项目描述】

在中式点心制作工艺中，熟制一般是工艺流程的最后一道工序，它关系到成品的生熟，定型的好坏，色泽的深浅等，这就是"三分制作，七分加温"的道理。熟制的方法很多，但中式点心最常用的熟制方法有蒸、煎、炸、烤、煮等。

【学习目标】

1. 了解中式点心生产中常用的熟制方法。
2. 掌握中式点心生产中常用的熟制技法。
3. 引导学生养成良好的质量意识，认识熟制对人民身体健康的影响，从而养成一心一意为人民服务的思想。

【任务实施】

7.1 蒸制

蒸制就是将中式点心半成品放于蒸笼内，利用水蒸气在蒸笼内的传导、对流作用，将半成品加温至熟的一种方法。根据中式点心对加温要求的不同可分为猛火蒸、中火蒸、慢火蒸。但在实际操作中，经常会遇到非常规的加温方式，如先猛火后慢火，或者蒸制时需不断地松开笼盖排去部分蒸汽。例如叉烧包的蒸制必须用猛火，否则达不到疏松、爆口的要求，而马蹄糕则需中火蒸制，否则表面会起泡、不细腻、组织结构不严密等。又如炖布甸，就需先中火后慢火，并且要松笼盖，才能使成品香滑，色泽鲜明滋润，没有皱纹，否则表面会起洞，粗而不滑或坠底等。

7.2 煎制

煎就是将少许油倒入锅内，再将中式点心半成品放入锅中，利用金属传导原理，以沸油为媒介，将中式点心半成品加温至熟的一种加温方式。一般分为生煎、熟煎、半煎炸、锅贴4种煎制方法。

7.2.1 生煎

生煎就是将中式点心半成品放入煎锅内，煎至两面金黄色后，向锅内加少许水并加盖，利用锅内的水蒸气将中式点心半成品加温至熟的一种煎制方法。

7.2.2 熟煎

熟煎就是先将中式点心蒸熟或煮熟，然后放入煎锅内，将其煎至两面金黄色的一种煎制方法。

7.2.3 半煎炸

半煎炸就是将中式点心半成品放入煎锅内，先煎制两面金黄色，再向锅内倒入高度为中式点心半成品一半的油，煎炸至皮脆的一种煎制方法。此法一般适用于体形较大、生煎较难煎熟的中式点心制品，如煎薄饼、煎棋子饼等。

7.2.4　锅贴

锅贴同生煎相差不大，不同之处是将中式点心半成品煎至一面金黄色，即可加水加盖，再煎至熟。特点是制品一面香中带脆，一面柔软嫩滑。

7.3　炸制

炸制就是利用液态油脂受热后温度升高、产生热量使中式点心半成品受热成熟的一种加温方法。中式点心有许多产品是用油炸加温制作出来的，但油炸加温是最难控制的一种方法。因为炸制中式点心制品不仅需严格掌握火候、油温、炸制时间等因素，还要根据中式点心制品用料的不同、制作方法的不同、质量要求的不同，灵活使用油炸技术。在炸制过程中，如油温过高，会使点心成品表面很快变焦而内部不熟；如油温过低，则中式点心成品吸油过多，容易散碎，色泽不良。欲娴熟地运用油炸技术，首先必须掌握好油温变化。油温变化一般采用直观鉴别法进行。

①油受热在锅内微微滚动，同时发出轻微的吱吱声，表明油脂内水分开始挥发，此时油温为100～120 ℃。

②随着油温继续升高，锅内油的滚动由小到大，声音慢慢消失，表明油脂内水分基本挥发完毕，此时油温为150～160 ℃。

③当烧至油面冒白烟时，可以判定此时油温约200 ℃。

④当锅内油的滚动逐渐停止并且油面冒青烟时，可以判定此时油温约270 ℃，再继续升温就会燃烧。

7.4　炕制

炕就是利用烘炉内的热源，通过传导、辐射、对流作用将中式点心半成品加温至熟的一种熟制方法。烘炉内的加温与其他加温方法不同，烘炉内一般有上、下两个火源同时加热，有利于点心同时受热。一般中式点心半成品入烘炉后均置于下火上，所以在调节烘炉炉温时上火比下火高20 ℃左右。烤制技术是中式点心制作中经常用到的一种熟制技术，许多中式点心制品都需用烤制的方法加温，并且在加温中根据形格大小不同、材料不同、制作工艺不同等采取不同的炉温，有些在烤制过程中还需不断地变换炉温，如烘烤合桃酥时，必须先用上火160 ℃、下火150 ℃烤至成品成饼状时，上火再升至180 ℃使其定型、变脆。否则，若入炉温度太高，则马上定型，成品不能成饼状；若入炉温度太低，就会造成泄油而无法成型。这就是烤制加温控制的重要性所在。

7.5　煮制

煮制就是利用沸水将中式点心半成品熟制的一种加温方法，煮制中式点心制品必须水沸后下锅，有些需猛火煮制，有些需慢火煮制，有些先猛火后慢火，有些先慢火后猛火，甚至有的需适时搅动半成

品，或者采取其他措施，否则会造成中式点心半成品坠底、变型等现象。例如，煮水饺需猛火，并且开锅时要向锅内加凉水，面点行业称"点水"，以便皮料收缩、不易糊烂。煮牛肉丸则需慢火，以保证牛肉丸的爽口性等。

【任务作业】

1. 中式点心常用的加温方法有哪些?
2. 举例说明炸制的加温方法在中式点心制作中的应用。

 中式点心的成本核算

【项目描述】

成本核算知识是中式点心从业者必须掌握的重要内容之一，它关系到中式点心从业者认识的一款点心产品的成本与定价，进而影响点心产品原材料的合理选择、点心生产过程中的实际耗费等。掌握中式点心的成本核算知识对中式点心从业者具有很大的意义。

【学习目标】

1. 了解中式点心生产成本的计算及常用利润核算方法。
2. 能运用中式点心成本核算法进行实际生产的成本、利润核算。
3. 引导学生养成良好的职业道德与职业意识，不欺骗消费者，从而养成一心一意为人民服务的思想。

【任务实施】

8.1 成本

广义的成本是指企业为生产各种产品而支出的各项耗费之和，包括企业在生产过程中的原材料、燃料、动力的消耗，劳动报酬的支出，办公费用，固定资产折旧，设备用具的损耗等。在中式点心制作过程中，成本核算主要是指制品所耗费的原材料之和，包括食品原料的主料、配料和调料。而生产过程中的其他耗费如水、电、燃料的消耗，劳动报酬、固定资产折旧等都作为"费用"处理，由会计方面另设科目分别核算，在厨房范围内一般不进行具体的计算。在中式点心制作中，计算原料的成本主要从以下几方面进行。

8.1.1 毛料与净料

毛料是指购进后未经任何加工的面点原料，净料是指购进后经过加工可以直接用于配制中式点心制品的原料。例如，在制作点心馅料时购入了带皮的马蹄，即为毛料；经过去皮加工后，变成了可以直接制作馅料的原料，即为净料。

8.1.2 净料率

净料率是指净料质量与毛料质量的比率。

$$净料率 = \frac{净料质量}{毛料质量} \times 100\%$$

例：某点心部在制作点心馅料时购入带皮的马蹄5 000 g，经去皮加工后剩余3 500 g，求马蹄的净料率。

解：

$$净料率 = \frac{净料质量}{毛料质量} \times 100\% = \frac{3\,500}{5\,000} \times 100\% = 70\%$$

答：马蹄的净料率为70%。

8.1.3 原料成本的计算方法

1）直接计算法

直接计算法即直接通过配料计算出所有原料成本的总和。

例：制作一盆马蹄糕需马蹄粉700 g、白糖1 000 g、清水3 500 g，求这盆马蹄糕的原料成本（附：马蹄粉单价为10元/500 g、白糖为3元/500 g、清水成本可忽略不计）。

解：

$$马蹄糕的原料成本 = 马蹄粉成本 + 白糖成本 = \frac{700 \times 10}{500}元 + \frac{1\,000 \times 3}{500}元 = 20元$$

答：此盆马蹄糕的原料成本为20元。

2）间接成本计算法

间接成本计算法即需间接地计算出原料的成本。

（1）不需扣除副料值的计算方法

即在计算过程中，有些从原料中剔除的杂料已完全没有利用价值，将之丢弃不用的计算方法。

例：带皮马蹄单价为1元/500 g，每500 g马蹄去皮后剩余350 g，求去皮后净马蹄的单价。

解：

$$去皮后净马蹄的单价 = \frac{毛料单价}{净料率}$$

$$净料率 = \frac{350}{500} \times 100\% = 70\%$$

$$去皮后净马蹄的单价 = \frac{1}{70\%}元 \approx 1.43元$$

故，去皮后净马蹄的单价为1.43元/500 g。

（2）需要扣除副料值的计算方法

有些食品原料中剔除的杂料还有利用价值，在计算过程中需要将其扣除的计算方法。

例：在制作某点心馅料时需400 g的纯鸡肉，而采购人员购进的是光鸡，购进1 000 g光鸡能得到600 g纯鸡肉和400 g鸡架，所购光鸡的单价为20元/500 g，而市场上鸡架的单价为5元/500 g，求此馅料中纯鸡肉的实际单价。

解：

$$600\ g纯鸡肉的价格 = \frac{1\,000 \times 20}{500}元 - \frac{400 \times 5}{500}元 = 36元$$

$$纯鸡肉的实际单价 = \frac{36}{600} \times 500 \text{ g} = 30 元/500 \text{ g}$$

故，此馅料中纯鸡肉的实际单价为30元/500 g。

8.2 毛利率

毛利率分为销售毛利率与成本毛利率，销售毛利率是指毛利额（毛利额是指产品的售价与原料成本的差额）与售价的比率；成本毛利率是指毛利额与原料成本的比率，即

$$销售毛利率 = \frac{毛利额}{售价} \times 100\%$$

$$成本毛利率 = \frac{毛利额}{原料成本} \times 100\%$$

例：某酒店点心部所生产的生肉包，原料成本为0.4元，售价为1元，求此生肉包的销售毛利率与成本毛利率。

解：

$$销售毛利率 = \frac{毛利额}{售价} \times 100\% = \frac{1元 - 0.4元}{1元} \times 100\% = 60\%$$

$$成本毛利率 = \frac{毛利额}{原料成本} \times 100\% = \frac{1元 - 0.4元}{0.4元} \times 100\% = 150\%$$

故，此生肉包的销售毛利率为60%，成本毛利率为150%。

8.3 中式点心产品的定价方法

中式点心产品的定价方法很多，但在面点制作行业中常用的有销售毛利率定价法与成本毛利率定价法两种。

8.3.1 销售毛利率定价法

根据销售毛利率的计算公式，可以转化为如下定价公式：

$$售价 = \frac{原料成本}{1 - 销售毛利率}$$

例：某点心部一笼虾饺的成本为3元，计划销售毛利率为70%，那么定价是多少?

解：

$$售价 = \frac{原料成本}{1 - 销售毛利率} = \frac{3元}{1 - 0.7} = 9元$$

故，此笼虾饺的定价为9元。

8.3.2　成本毛利率定价法

根据成本毛利率的计算公式，可以转化为如下定价公式：

$$售价 = 成本 \times （1 + 成本毛利率）$$

例：某点心部蛋挞成本为0.3元，计划成本毛利率为300%，那么定价是多少？

解：

$$售价 = 成本（1 + 成本毛利率） = 0.3元 \times （1 + 300\%） = 1.2元$$

故，此蛋挞的定价应为1.2元。

总之，中式点心的成本、利润核算相对于其他行业来讲比较简单，但也决定着食品企业的盈亏，所以进行成本、利润核算时要多方考虑，尽最大可能将成本与利润计算精确，保证食品企业能及时地把控本单位的经济效益。

【任务作业】

1. 广义的成本是指哪些？
2. 举例说明成本计算的方法。
3. 在中式点心的实际生产中，如何进行产品定价？

模块5

中式点心馅料知识

 **项目9 中式点心馅料的分类与用途**

【项目描述】

馅料是生产中式点心必备的重要材料，是中式点心学习者必须掌握的知识点。馅料种类繁多，口味多样，且不同的馅料可以决定不同点心的口味与种类，故掌握馅料的分类、性质及用途，对制作中式点心具有重大意义。

【学习目标】

1. 掌握中式点心馅料的分类、性质及用途。
2. 掌握馅料的调制方法及加工原理。
3. 引导学生养成良好的职业道德与职业意识、质量意识，时刻牢记人们的身体健康，从而养成一心一意为人民服务的思想。

【任务实施】

馅料，也称馅子、馅心，是指各种动植物原料经过精加工，以各种辅料及调味料调味拌制、烹调熟制或调制而成的、能体现不同口味、形态多样的包入面坯的心料或单独成型的主料。

9.1 中式点心馅料的分类

中式点心馅料的分类方法较多，一般有以下几种。

9.1.1 按馅料所用原料的性质划分

按馅料所用原料的性质划分，可分为荤馅、素馅和荤素馅。

1）荤馅

荤馅是指以畜禽肉及水产等原料为主料，配以适当的调味料，经过不同的加工工艺制成，主要体现咸淡适宜，鲜香松嫩，汁多味美的特点。

2）素馅

素馅是指以新鲜或干蔬菜为主料，配以各种辅料及调味料，经过不同的加工工艺制成，主要体现清香爽口的特点。

3）荤素馅

荤素馅一般有两种配料方法，一种是指以畜禽肉及水产等原料为主，再配搭少量时令蔬菜；或者以时令蔬菜为主，再配搭少量的畜禽肉及水产等原料，经过不同的加工工艺制成。

9.1.2 按馅料口味划分

按馅料口味划分，可分为咸馅、甜馅两大类。

1）咸馅

口味以咸为主，种类繁多，选料广泛，在点心制作中使用最普遍。

2）甜馅

以甜味为主，种类众多。多以糖类为主，配搭植物类、蛋乳类、瓜果类，或夹入一些香料和冰肉等，并经过复杂的工序和各种加工方法，如浸、泡、去衣、研烂、切碎、去水、煮、拌等制作而成。

9.1.3　按制法划分

按制法划分，可分为生馅、熟馅与生熟混合馅。

1）生馅

生馅是指将原料经刀工处理后，直接调味拌制而成。

2）熟馅

熟馅是指原料在刀工处理后，还需经过烹调的过程（或某些熟肉馅直接由酱、卤、烤制的熟料加工而成）。

3）生熟混合馅

生熟混合馅是指荤素混合的菜肉馅，如耐熟且水分含量较多的萝卜、白菜、豆角等原料需焯熟后经刀工处理再与生肉馅拌和，或熟肉馅中掺入叶片细薄不宜焯水的生菜，如韭菜、香菜等。

9.2　中式点心馅料的作用

9.2.1　决定点心的口味

有许多中式点心馅料所占比例较大，有的占比高达70%~90%，比较注重馅料丰满，清香油润，荤素齐备。馅料对中式点心的口味影响非常大，尽管中式点心与所用的皮料有一定关系，但多数点心的口味是由馅料决定的。如干蒸烧卖、粉果、香茜饺、鲜虾饺、广式煎饺、灌汤包（饺）等，甚至有些中式点心纯粹是馅料口味如凤爪烧卖、牛肉烧卖、猪肚、猪肠、牛百叶、金钱肚等。另一方面，从饮食习惯来讲，人们往往以馅料质量作为衡量包馅点心质量的重要标准，故馅料对包馅点心的口味起着决定性作用。

9.2.2　影响点心的形态

许多中式点心的形态与所包馅料的种类有密切关系。如果调制馅料时处理不当，就会造成成品坍塌变形、爆裂，露汁走油等问题，严重影响成品的外观与质量。如流沙包制作中，调制流沙馅如黄油加入过多则会造成成品爆裂与扁塌等质量问题；广式月饼馅处理不当就会造成皮馅分离问题；煎饺馅调制不当则会出现扁塌问题等。有些馅料在点心中起着装饰作用，会直接影响点心的形态如蛋挞、椰挞、象形鸭卜乎等。

9.2.3　形成点心的特色

大多数中式点心的特色与馅料有直接关系，馅料也是形成中式点心特色的决定性因素之一。如薄皮鲜虾饺，饺皮呈半透明色，馅料色泽嫣红，爽口滑嫩，味道浓郁鲜美，整个饺子的风味都是通过馅料反映出来的。在制法上，如猪肉、牛肉生馅馅料，大多采用顺一方向擦挞法，制出的馅料清淡爽口并湿滑，也反映出中式点心口味清淡、爽滑的特色。

9.2.4 增加点心的花色品种

中式点心根据皮、馅和制作技艺的不同，种类繁多。中式点心小吃更加历史悠久，仅从小店经营的米面小吃品种，就有300来种。小吃也各具特色，品种丰富，不仅用料不一、做法各异、成形乃至熟制等工艺不同，而且制馅用料广泛，口味变化迥异，增添了许多花色品种，选材范围包括动物类如猪、牛、羊、鸡、鸭、鹅、烧味及腊味等，植物类如马蹄、沙葛、莲藕、竹笋、胡萝卜、各种青菜等，干货如带子、安虾、三菇、六耳、果仁等。这些都是中式点心品种繁多的重要因素。

【任务作业】

1. 中式点心馅料分为哪几类？
2. 简述馅料在中式点心中的作用。

 **项目10** **中式点心馅料的加工方法**

【项目描述】

馅料的加工方法是生产中式点心馅料的必用方法，不同的馅料有不同的加工方法，加工方法运用得正确与否将直接影响点心馅料的形态与口感，从而影响整个点心的品质，故掌握馅料的加工方法对制作中式点心具有重大意义。

【学习目标】

1. 掌握中式点心不同馅料的加工方法。
2. 能够运用馅料的加工方法与原理解释点心馅料的形成。
3. 引导学生养成良好的职业道德与职业意识、质量意识，时刻牢记人们的身体健康，从而养成一心一意为人民服务的思想。

【任务实施】

10.1 生馅的加工方法

生馅拌制可分为顺一方向擦挞法及全捞法两种。

10.1.1 顺一方向擦挞法

顺一方向擦挞法拌出的馅料主要特点是爽滑。在加工过程中，主要是肉质在盐的高渗透力作用下，刺破内部的蛋白胶囊，使蛋白质流出，顺着一个方向的擦拌法，可将蛋白质串成链状，再经擦挞后，使蛋白质胶粘充分发挥，使熟后馅料达到爽滑的效果。随着社会的进步和发展，各种机器的产生，顺一方向擦挞法基本以机器拌制代替手工，机器打制馅料更能体现馅料的爽和滑，通常采用快速打制。

10.1.2 全捞法

全捞法是对带骨馅料及一些简单馅料的加工方法，此方法要求馅在搅拌时不需起胶黏性，只需捞匀便可。一般先将肉料加入生粉捞匀，其次将味料混合加入擦至溶解，再加入肉料拌匀，最后加入其他香料及油拌匀即可。

10.2 熟馅、甜馅的加工方法

熟馅和甜馅大都要求熟馅料，即需将物料进行加工及特殊处理。常使用的加工方法有炒、蒸、铲3种。

10.2.1 炒

炒制加工方法：先切配原料，再肉料上粉拉油至八九成熟，蔬菜类用沸水煮至八九成熟；后起镬，爆香香料之类，放入辅料及肉类，炒匀炒香，调味炒匀，放湿粉打芡，倒入包尾油，炒匀，便可盛出。

学习笔记

整个过程要有较好的锅功基础，此馅的特点是香。

10.2.2 蒸

蒸制加工方法：原料经处理后与味料、辅料全部混合，放入容器中，直接蒸制至熟的一种加工方法。整个过程较为简单，此馅的特点是滑。

10.2.3 铲制

铲制加工方法：原料经处理后与味料、辅料全部混合放入锅或其他容器内，边加温边搅拌，直至材料全部熟化的一种加工方法。整个过程需不停搅拌，操作较复杂，此馅的特点是香滑。

【任务作业】

1. 什么是顺一方向擦挞法？适用于哪些馅料？
2. 请举例说明全捞法的加工方法。
3. 不同的熟制方法对熟馅与甜馅的影响有哪些不同？

模块 *6*

中式点心生产要求及基本常识

 **项目11　中式点心制作的职业道德与卫生常识**

【项目描述】

职业道德是从事任何职业活动都需遵循的行为规范，餐饮从业人员应养成良好的卫生习惯与人们健康、民族昌盛息息相关的意识。故在中式点心生产过程中，保证从业人员具有高尚的职业道德及良好的卫生意识尤为重要。

【学习目标】

1. 掌握职业道德的标准及饮食行业的职业道德要求。
2. 掌握中式点心生产的卫生常识并具备良好的卫生意识。
3. 引导学生养成良好的职业道德与职业意识、卫生意识，养成一心一意为人民服务的思想。

【任务实施】

11.1　职业道德常识

职业道德是指人们在职业生活中应遵循的道德规范和行为准则，包括道德观念、道德情操和道德品质。

社会主义职业道德在饮食行业的具体体现就是饮食行业道德。面点师的职业道德是指面点师在从事中式点心制作时，应遵循的行为规范和必备品质。作为一名中式点心制作人员，除了应遵循社会主义道德规范和行为准则外，还必须了解并遵循饮食业职业道德规范和准则。饮食行业职业道德的基本要求如下。

①热爱祖国，热爱人民，热爱中国共产党，树立全心全意为人民服务的思想，立志做好本职工作，甘当人民的勤务员。

②生产和制作符合质量标准和卫生标准的饮食。坚持按规定标准和制作程序下料加工，不偷工减料、降低标准，不加工和出售腐烂变质和过期的食物。一切要对人民群众的健康负责。

③对顾客热情和蔼，说话和气，服务周到，千方百计为顾客着想。对顾客一视同仁。不分年龄大小，无论职位高低，都以同等态度热情接待和服务。

④刻苦学习业务技术，练好基本功，提高服务质量。

⑤注意节约、反对浪费。

⑥廉洁奉公，不利用职业之便谋取私利，坚决抵制拉关系、走后门等不正之风。

⑦谦虚谨慎，自觉接受顾客监督，欢迎群众批评，不断改正缺点，提高服务质量。

⑧仪容整洁，举止文雅，相互帮助，搞好协作。

11.2　中式点心制作的卫生常识

11.2.1　对加工人员个人卫生的要求

①保持手的清洁，是防止食品受到污染的重要环节。如在上厕所、擤鼻涕、处理

生肉和动物内脏、清理蔬菜、处理废弃物或腐败物后，应立即洗净双手。

②勤剪指甲、勤理发、勤洗澡、勤换洗衣服（包括工作服），不得留长指甲和涂指甲油及其他化妆品，工作时不得戴戒指。

③加工人员必须持健康证上岗，并定期检查身体，接受预防注射，特别注意防止胃肠道疾病、病毒性肝炎和化脓性或渗出性皮肤病等。

④加工人员进入加工间必须穿戴统一的工作服、工作帽、工作鞋（袜）、头发不得外露，工作服和工作帽必须每天更换。不得将与生产无关的个人用品和饰物带入加工间。

11.2.2　操作过程中的卫生要求

①严禁一切人员在加工间内进食、吸烟、随地吐痰、乱扔杂物。

②加工操作中，尝试口味时使用小碗或汤匙，尝后余汁不能倒入锅中。

③配料的水盆要定时换水，案板、菜橱每日刷洗一次，砧板用后应立放。炉台上盛放调味品的盆、盒，在每日下班前应端离炉台并加盖放置。

④抹布要经常搓洗，不能一布多用，消毒后的餐具不得再用抹布干擦。

11.2.3　食品卫生"五·四"制度

1）由原料到成品实行"四不"

①采购员不买腐烂变质的原料。

②不得保管验收腐烂变质的原料。

③加工人员（厨师）不用腐烂变质的原料。

④营业员（服务员）不卖腐烂变质的食品。

（针对零售单位的"四不"：不收进腐烂变质的食品；不出售腐烂变质的食品；不用手拿食品；不用废纸污物包装食品）。

2）成品（食物）存放实行"四隔离"

①生与熟隔离。

②成品与半成品隔离。

③食物与杂物、药物隔离。

④食品与天然冰隔离。

3）用（食）具实行"四过关"

一洗、二刷、三冲、四消毒（蒸汽或开水）。

4）环境卫生采取"四定"办法

定人、定物、定时间、定质量。划片分工，包干负责。

5）个人卫生做到"四勤"

勤洗手剪指甲；勤洗澡理发；勤洗衣服、被褥；勤换工作服。

学习笔记

【任务作业】

1. 职业道德的定义是什么？包括哪些方面的内容？
2. 饮食行业的职业道德有哪些基本要求？
3. 食品卫生"五·四"制度包括哪些内容？

 项目12 **中式点心制作的安全常识**

【项目描述】

中式点心生产过程中存在许多安全隐患，特别是用火与用电存在最易发生重大安全事故的隐患。因此，从业者养成良好的安全意识，对于餐饮企业避免发生重大安全事故具有重大意义。

【学习目标】

1. 掌握中式点心生产中有关消防及用电安全常识。
2. 学会运用安全常识规范管理点心生产场所。
3. 引导学生养成良好安全意识，养成一心一意为人民服务的思想，避免餐饮企业发生重大安全事故，以保证人民财产及人身安全。

【任务实施】

12.1 消防安全常识

12.1.1 火灾预防基本知识

1）燃烧的概念

燃烧俗称着火，是可燃物与氧化剂作用发生的放热发光的剧烈化学反应，通常伴有火焰、发光或发烟现象。

2）火形成的条件

火的形成需要3个必要条件，即可燃物、助燃物（如空气、氧气）和火源（如明火、火星、电弧或炽热物体）。任缺一项火都无法形成。

3）火灾的定义

火灾是指在时间和空间上失去控制的燃烧所造成的灾害。

4）扑救火灾的方法

扑救火灾通常采用窒息（隔绝空气）、冷却（降低温度）和隔离（把可燃物与火焰及氧气隔离开来）。

5）火灾的分类

火灾分为A类、B类、C类、D类和电器火灾5类。

①A类火灾。指固体物质火灾，如木、棉、毛、麻、塑胶、纸张燃烧引起的火灾。

②B类火灾。指可燃性液体和可熔化的固体物质火灾，如汽油、煤油、石蜡等燃烧引起的火灾。

③C类火灾。指可燃性气体火灾，如煤气、烷氢气体燃烧引起的火灾。

④D类火灾。指金属火灾，如钾、钠、镁、锂、铝镁合金燃烧引

起的火灾。

⑤电器火灾。指电器起火或漏电引起燃烧的火灾。

12.1.2 常用灭火器的种类及使用方法

1）干粉灭火器

干粉灭火器是以干粉为灭火剂，适用于A类、B类、C类火灾和电气设备的初起火灾扑救。使用方法如下。

①拔掉保险销。

②喷嘴管朝向火焰，压下阀门即可喷出灭火剂。

③每3个月检查一次，药剂有效期为3年。

2）二氧化碳灭火器

二氧化碳灭火器是以液化的二氧化碳为灭火剂，适用于B类、C类火灾和低压电器设备，仪器、仪表的初起火灾扑救。使用方法如下。

①拔出保险插销。

②握住喇叭喷嘴和阀门压把。

③压下压把，灭火剂即受内部高压喷出。

④每3个月检查一次，如果重量减少则需重新灌装。

3）泡沫灭火器

泡沫灭火器是以泡沫剂为灭火剂，适用于A类、B类火灾，不可使用于C类火灾。泡沫灭火器分为化学泡沫和机械泡沫两种。其中，化学泡沫灭火器使用时颠倒使用（已淘汰），而机械类泡沫灭火器使用方法与干粉灭火器相同。每4个月检查一次，药剂有效期为1年。

12.1.3 遇火警如何报警

①拨打119电话。

②报告火警时间、发生地点及附近明显的标记，火灾种类。

③不可错报、谎报火警。

12.2 安全用电常识

①中式点心制作工作场所最常见的电气事故是触电事故和电路故障。

②触电事故是指人身触及带电体（或过分接近高压带电体）时，电流流过人体造成的人身伤害事故。触电可造成人体的致伤、致残、致死。

③电路故障是指电能在传递、分配、转换过程中，由于失去控制而造成的事故。线路或设备的电路故障（例如漏电、短路）不但威胁人身安全，而且会严重损坏电气设备。

④电气设备和线路的绝缘必须良好。裸露的带电导体应按电气安全距离安装或设置安全遮栏，挂上警告标志，严禁人员靠近。

⑤按不同工作环境规定的安全电压额定值为42 V、36 V、24 V、12 V和6 V，一般情况下安全电压为36 V。常用的动力负荷为380 V，常用的照明、电热与民用或工业负荷为220 V，使用电源应事先明确其供电的电压值，绝不可滥用。

⑥移动式照明应采用36 V安全电压，而在金属容器内或者潮湿场所不能超过12 V。

⑦在使用手持或电动工具（如手电钻）前必须检查保护性接地或者接零措施。

⑧电路未经证明是否有电时，应视作有电处理，不能用手触摸，不得擅自开动电气设备、仪表和接插电源。

⑨电气设备出现故障或者中途停电，应首先关闭电源开关或电闸。

⑩电气设备使用后，要进行检查并关闭电源，方可离开。

⑪易燃类物品不得置于容易产生火花的电器（电闸、继电器、电动机、变压器）附近，避免引起火灾。

⑫电路或电气设备起火，应先切断电源，再用干粉或二氧化碳灭火器灭火。

【任务作业】

1. 请阐述常用灭火器的种类及使用方法。

2. 点心生产中最易发生哪些安全事故？如何避免？

3. 在点心生产中如何安全用电？

模块7

中式点心的
基本功知识

 **项目13 中式点心的基本手法**

【项目描述】

中式点心的基本手法是学习中式点心的基本功之一。通过中式点心基本手法的训练，可以锻炼学生双手的协调性、灵活性，为后续学习打好基础。

【学习目标】

1. 了解中式点心基本手法的具体操作过程。
2. 学会运用中式点心基本手法调制不同性质的面团。
3. 引导学生树立精益求精的思想，培养大国工匠意识，形成爱国、敬业，为人民服务的思想。

【任务准备】

1. 原料准备（图7.1）
水调面团1块、油酥面团1块、混酥面团1块。

A.   B.   C.

图7.1 中式点心基本手法练习材料

2. 设备与工具准备
案台、刮刀。

【任务实施】

13.1 揉制手法（图7.2）

用双手手掌跟压住面坯，交替用力伸缩并向外推动，把面坯揉开、叠起，再揉开、再叠起，如此反复，直至揉透。

A.   B.   C.

图7.2 揉制手法

学习笔记

13.2 捣制手法（图7.3）

将面团放在案台上，双手紧握拳头，用力向下均匀捣压，力量越大越好，捣压成片状后，再将其叠拢到中间，继续捣压，如此反复多次，直至把面坯捣透。

A.　　　　　　　　　　B.　　　　　　　　　　C.

图7.3　捣制手法

13.3 擦制手法（图7.4）

将双手的手掌心部放于面团上，用力从一边擦向另一边，再将面团叠拢到中间，如此反复多次，直至将面团擦至细滑无粒状即可。

A.　　　　　　　　　　B.　　　　　　　　　　C.

图7.4　擦制手法

13.4 折叠手法（图7.5）

用一只手拿刮刀，另一只手用力将原料压紧成一块面团，用刮刀将面团切成4~5份，然后将每一份的切口向上，分别叠在一起，每叠一份用手压制后再叠另一份，如此重复操作2~4次。

A.　　　　　　　　　　B.　　　　　　　　　　C.

图7.5　折叠手法

13.5 摔打手法（图7.6）

双手手心向下，拿起面团，提高到离案台一定距离，用手腕用力向下将面团摔于案台上，也可单手操作，如此反复。

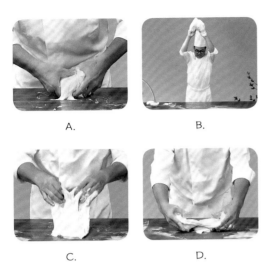

A.   B.

C.   D.

图7.6 摔打手法

【技术要领】

1. 揉制时，双手相互协调，交替均匀用力伸缩并向外推动。
2. 摔打手法应注意手腕力度。

【质量要求】

要求每种手法标准正确，手法熟练。

【任务评价】

【任务作业】

1. 捣制手法适用于哪些面团？
2. 折叠手法应用时，应注意哪些问题？

【任务视频】

任务视频

项目14 中式点心的基本技法

任务 ① 冷水面团调制

【任务描述】

冷水面团是用室温下的水与面粉调制而成的面团，其特点为质地结实、有较大弹性与筋韧性，具有良好的延伸性。调制冷水面团是学生首先需要掌握的重要基本功。

【学习目标】

1. 了解冷水面团形成机理及应用。
2. 掌握冷水面团的两种调制方法。
3. 引导学生树立精益求精的思想，培养大国工匠意识，形成爱国、敬业，为人民服务的思想。

【任务准备】

1. 原料准备（图7.7）

高筋面粉250 g，低筋面粉250 g，清水300 g。

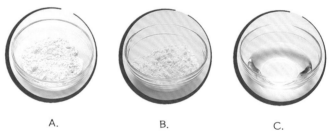

A.　　　　　　　B.　　　　　　　C.

图7.7　冷水面团调制材料

2. 设备与工具准备

搅拌机、粉筛、刮刀、不锈钢盆。

【任务实施】

14.1.1 手工调制（图7.8）

1）过筛

将面粉混合后倒入粉筛中，用旋转或振动的方法将面粉筛于案台上。

2）开窝

将面粉用刮刀围成小圆堆，刮刀一角放在面粉堆中间，先从上面向逆时针方向旋转半圈，再旋转手腕，使刮刀翻转，从下面再逆时针方向旋转半圈，形成一个比手掌略大的面窝。

3）埋粉

加入清水，右手拿刮刀，先将面窝内圈的面粉先与水混合成面糊状，水不再流动，再将剩余的面粉埋入，并搓制成团。

4）饧发

清理干净案台及工具，将面团置于案台上，用半湿毛巾盖上，静置约10 min。

5）搓制成型

用阴阳手法将面团搓成光滑、不粘手的面团。

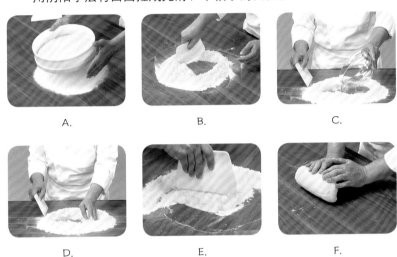

A. B. C.

D. E. F.

图7.8　冷水面团手工调制过程

14.1.2　机器调制（图7.9）

将过筛后的面粉倒入搅拌机内，加入清水，先用慢速挡搅拌，使面粉与水先混合成团，然后改用中速挡搅拌，形成较光滑的面团。

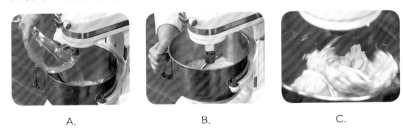

A. B. C.

图7.9　冷水面团机器调制过程

【技术要领】

1. 用水量要准确，可随气温的高低适当调节加水量，如冬季水量增加，夏季适当减少。

2. 面团调制成团后宜静置一段时间，再调制将加快面团的形成。

【质量要求】

要求面团表面细腻光洁、有筋韧性并且不粘手，形格完好（图7.10）。

图7.10　冷水面团成品

【任务评价】

【任务作业】

1. 冷水面团调制为什么要进行静止饧发？
2. 机器调制与手工调制有什么区别？

【任务视频】

任务视频

任务② 温水面团调制

【任务描述】

温水面团是指用温水或部分烫面与面粉调制而成的面团。其特点为质地相对结实、有一定韧性、弹性及延伸性，具有较好的可塑性，制作的点心不易变形。

【学习目标】

1. 了解温水面团形成机理及应用。
2. 掌握温水面团的两种调制方法。
3. 引导学生树立精益求精的思想，培养大国工匠意识，形成爱国、敬业，为人民服务的思想。

【任务准备】

1. 原料准备（图7.11）
低筋面粉500 g，清水300 g。

A.　　　　　　　B.

图7.11　温水面团调制材料

2. 设备与工具准备
粉筛、刮刀、酥棍、不锈钢盆。

【任务实施】

14.2.1　直接加入温水调制（图 7.12）

1）过筛
将面粉混合后倒入粉筛中，用旋转或振动的方法将面粉筛于案台上。

2）开窝
将面粉用刮刀围成小圆堆，刮刀一角放在面粉堆中间，先从上面向逆时针方向旋转半圈，再旋转手腕，使刮刀翻转，从下面再逆时针方向旋转半圈，形成一个比手掌略大的面窝。

3）埋粉

加入60 ℃温水，右手拿刮刀，将面窝内圈的面粉先与水混合成面糊状，水不再流动，再将剩余的面粉埋入，并搓制成团。

4）饧发

清理干净案台及工具，将面团置于案台上，用半湿毛巾盖上，静置约10 min。

5）搓制成型

用阴阳手法将面团搓成光滑、不粘手的面团。

图7.12　温水面团手工调制过程

14.2.2　部分烫面调制（图7.13）

①先取100 g面粉放于不锈钢盆中；倒入100 g沸水，用酥棍快速搅拌，将面粉烫熟，散尽热气后倒于案台上搓匀。

②先将剩余的400 g面粉过筛、开窝，加入熟面团与剩余清水，埋粉，搓制成团后用半湿毛巾盖上，静置饧发10～15 min，再用阴阳手法将面团搓成光滑、不粘手的面团。

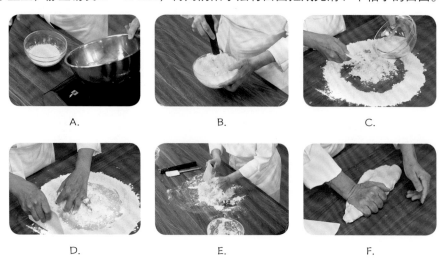

图7.13　温水面团部分烫面调制过程

【学习笔记】

【技术要领】

1. 用水量要准确，可随气温的高低适当调节加水量，如冬季水量增加，夏季适当减少。

2. 调制烫面时，将面粉烫熟后，散尽热气再搓匀面团。

【质量要求】

要求面团表面形状完好，表面光洁、有一定的筋韧性与可塑性（图7.14）。

图7.14 温水面团成品

【任务评价】

【任务作业】

1. 温水面团调制与冷水面团调制有什么区别？

2. 直接加入温水调制与部分烫面调制有什么区别？

【任务视频】

任务 ③ 热水（澄面）面团调制

【任务描述】

热水面团在中式点心制作中，主要是将面粉与澄面用开水和制后制成面团，其中粤点制作以澄面面团为主。热水面团主要用于虾饺皮、水晶角皮等的制作。

【学习目标】

1. 了解热水面团形成机理及应用。
2. 掌握热水面团的两种调制方法。
3. 引导学生树立精益求精的思想，培养大国工匠意识，形成爱国、敬业，为人民服务的思想。

【任务准备】

1. 原料准备（图7.15）
澄面面团：澄面500 g，风车生粉25 g，清水750 g，猪油15 g。
水晶角面团：风车生粉250 g，沸水400 g。

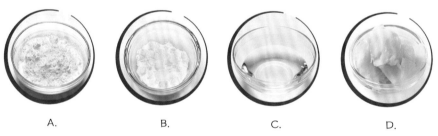

A.   B.   C.   D.

图7.15　热水面团调制材料

2. 设备与工具准备
不锈钢盆、酥棍、刮刀。

【任务实施】

14.3.1　澄面皮调制（图7.16）

1）粉料混合过筛
将澄面500 g与25 g生粉过筛装入盆子中，备用。
2）烫面团
将清水烧沸，倒入盆子中，用酥棍以先慢后快的速度搅拌，将澄面烫熟。
3）搓制
趁热将面团用刮刀擦匀，再用手搓匀，擦至面团纯滑。
4）搓制成型
猪油加入面团中，充分搓制纯滑成型。

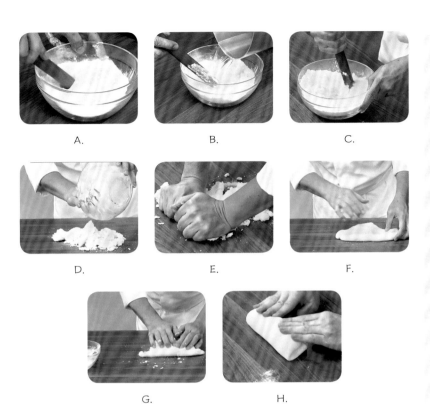

图7.16 澄面皮调制过程

14.3.2 水晶角皮调制（图7.17）

①用温水将生粉开成粉浆。

②慢慢加入沸水，边加边搅拌，搅拌成湿软透明的面团。

图7.17 水晶角皮调制过程

【技术要领】

1. 水需大沸，趁热迅速、充分搅拌，使水与粉料融合，面团必须

烫熟。

2. 烫面时，将面粉烫熟后，趁热将面团搓匀或搅匀面团，使粉料与热水充分融合。

【质量要求】

澄面面团：要求面团形格完好，表面洁白光滑，无韧性，有较强的可塑性，成品呈半透明状（图7.18）。

水晶角面团：要求面团形格完好，表面光洁，含水量大、透明度高。

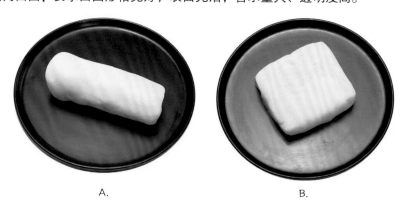

A.   B.

图7.18　热水面团成品

【任务评价】

【任务作业】

1. 调制热水面团应注意的关键问题是什么？
2. 烫澄面面团与水晶角面团有什么区别？

【任务视频】

任务视频

任务4 大酥制作

【任务描述】

大酥制作又称开大酥，是学习中式点心重点练习的基本功之一，也是学生学习中式点心的过关项目之一。通过大酥制作面团调制，有利于分层起酥点心制作的学习。

【学习目标】

1. 了解大酥分层起酥的形成机理及应用。
2. 掌握大酥制作的开酥技法。
3. 引导学生树立精益求精的思想，培养大国工匠意识，形成爱国、敬业，为人民服务的思想。

【任务准备】

1. 原料准备（图7.19）
水油皮1块、油酥心1块。

A.   B.

图7.19 大酥制作材料

2. 设备与工具准备
通槌、粉扫、喷水壶。

【任务实施】

大酥制作（图7.20），具体步骤如下。

1）包大酥

先将油酥心制成长方体形状，将水油皮开薄成油酥心的两倍面积。方法1：将油酥心放于水油皮中间，从水油皮两边包起油酥心，用锁边的手法锁紧边缘及接口；方法2：将油酥心放于水油皮的一边，将水油皮对折包起油酥心，用锁边的手法锁紧边缘及接口。

2）开大酥

用通槌从包好的大酥中间向两端开出，将其开成厚约1 cm的长方体，用粉扫扫去粉焙，从两边向中间折起，折成一个"四折"形状，

放入冰柜冻至稍硬后，再将其开成厚约1 cm的长方体，再折一个"四折"即可。

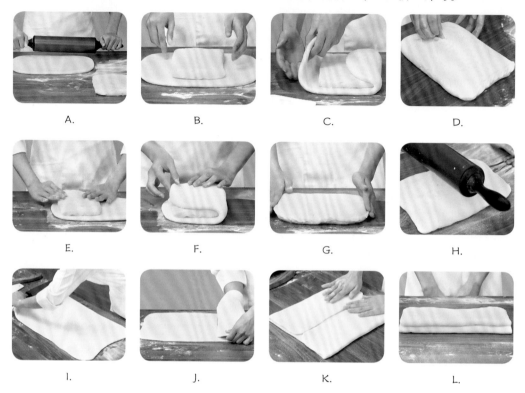

图7.20　大酥制作过程

【技术要领】

1.包酥时注意锁紧边缘及接口，以防油酥心漏出。
2.开酥时用力均匀，厚薄均匀一致。
3.折叠时边缘对齐，保持方正整齐。
4.粉焙过多应及时扫去，防止生粒。
5.如遇油酥心软化，可适当放入冰箱稍冻，以便操作。

【质量要求】

要求开好的酥皮表面光洁，厚薄均匀一致，油酥心与水油皮结合紧密且分布均匀，切开横截面层次均匀一致（图7.21）。

图7.21　大酥制作成品

【任务评价】

【任务作业】

1.大酥制作应注意的关键问题是什么？

2. 大酥制作在中式点心中有哪些应用？

【任务视频】

任务 5 细酥制作

【任务描述】

细酥面团是制作传统水油酥必须的技法，也可用于其他起层起酥类点心如酥皮莲蓉包、麻蓉包等中式点心制作，是学习中式点心必须掌握的基本功之一。

【学习目标】

1. 了解细酥分层起酥的形成机理及应用。
2. 掌握细酥制作的开酥技法。
3. 引导学生树立精益求精的思想，培养大国工匠意识，形成爱国、敬业，为人民服务的思想。

【任务准备】

1. 原料准备（图7.22）
水油皮1块、油酥心1块。

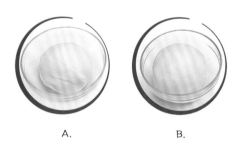

A.   B.

图7.22 细酥制作材料

2. 设备与工具准备
酥棍、刮刀。

【任务实施】

细酥制作（图7.23），具体步骤如下。

1）包细酥

将水油皮出体每个约25 g，压扁，油酥心出体每个约15 g，放于水油皮坯体上，用包甜馅的手法包好，接口向上置于案台上。

2）开细酥

取一个包好的坯体置于案台上，中间先用手指压一下，将酥棍放于坯体中间，从中间向两端擀出，擀成长椭圆形，注意不要擀到尽头，否则油酥心会爆出。然后用左手卷起，在卷起的坯体2/3处向内压一下，用左手大拇指根部将坯体的1/3部分对折勾压，再继续折压，使坯体折成三折，将折口向下置于案台上。

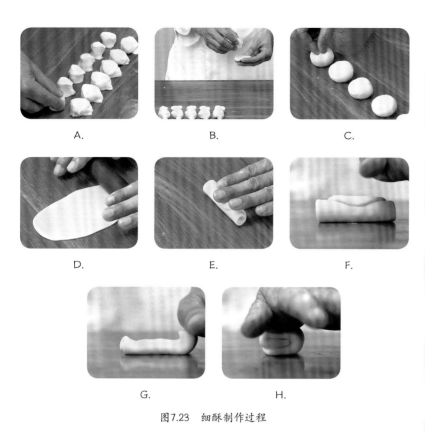

A.   B.   C.

D.   E.   F.

G.   H.

图7.23　细酥制作过程

【技术要领】

1. 包酥用包甜馅的手法，收口向上。
2. 擀制坯体时尽量推长至17~18 cm，酥层才能更多、更均匀。

【质量要求】

要求成品呈三折状，形状完整，大小均匀一致（图7.24）。

图7.24　细酥制作成品

【任务评价】

【任务作业】

1. 细酥制作应注意的关键问题是什么？
2. 细酥制作在中式点心中有哪些应用？

【任务视频】

任务 6 混酥制作

【任务描述】

混酥面团是中式点心油酥面团的一种，一般来说这类面团的油、糖含量较高，会阻碍面粉吸水，抑制面筋生成，加上疏松剂的作用，面团内部结构碎裂成很多孔隙而成片状或椭圆状的多孔结构，故成品食用时口感酥松。

【学习目标】

1. 了解混酥起酥的形成机理及应用。
2. 掌握混酥制作的技法。
3. 引导学生树立精益求精的思想，培养大国工匠意识，形成爱国、敬业，为人民服务的思想。

【任务准备】

1. 原料准备（图7.25）

低筋面粉500 g、白砂糖300 g、猪油300 g、鸡蛋1枚、食粉4 g、溴粉4 g。

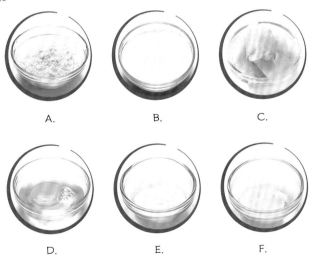

图7.25　混酥制作材料

2. 设备与工具准备

粉筛、刮刀。

【任务实施】

混酥制作（图7.26），具体步骤如下。

①将低筋面粉过筛，放于一边备用，将白砂糖与猪油拌匀，加入

鸡蛋拌匀，最后加入食粉、溴粉拌匀。

②埋粉，待混合成团时，用折叠手法折3~4次即可。

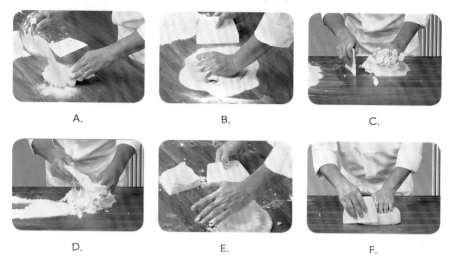

A.   B.   C.

D.   E.   F.

图7.26 混酥制作过程

【技术要领】

1. 除面粉外的其他原料需充分拌匀。
2. 使用折叠手法，避免起筋。

【质量要求】

要求成品色泽鲜明，质地松软，无筋韧性（图7.27）。

【任务评价】

【任务作业】

1. 混酥制作应注意的关键问题是什么？
2. 混酥制作在中式点心中有哪些应用？

图7.27 混酥制作成品

【任务视频】

任务视频

任务 7 出条技法

【任务描述】

出条技法是制作中式点心最常用的技法之一。通过出条技法训练，可以锻炼学生双手的配合度、协调性与灵活性，为后续学习打好基础。

【学习目标】

1. 掌握两种面团的出条技法。

2. 能利用出条技法制作相应的点心。

3. 引导学生树立精益求精的思想，培养大国工匠意识，形成爱国、敬业，为人民服务的思想。

【任务准备】

1. 原料准备（图7.28）

水调面团1块、油酥面团1块。

A.   B.

图7.28 出条技法材料

2. 设备与工具准备

压面机、刮刀。

【任务实施】

14.7.1 水调面团出条

水调面团出条（图7.29）可分为搓条与卷条。

1）搓条

将双手叠起放于水调面团中间，从中间向两端用力向前后滚动面团，使面团向两边扩展，重复此操作，将面团搓成直径为3～4 cm的圆柱体。

2）卷条

将水调面团过压面机至纯滑，并压成片状，然后从一边开始向另一边卷起，卷成实心的条状圆柱体，并搓成直径为3～4 cm的圆柱体。

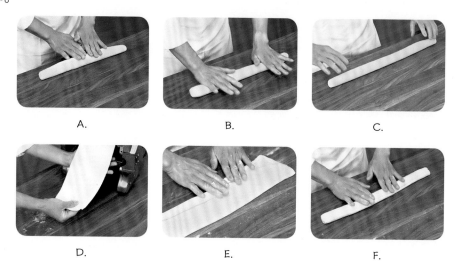

| A. | B. | C. |

| D. | E. | F. |

图7.29　水调面团出条过程

14.7.2　油酥面团出条（图7.30）

将油酥面团（图7.30）稍压薄，用刮刀切成条块状，并用双手轻轻前后滚动面团，搓成直径为3～4 cm的圆柱体。

| A. | B. | C. |

图7.30　油酥面团出条过程

【技术要领】

1. 搓条时注意双手用力均匀。
2. 卷条时应卷成实心的条状圆柱体。

【质量要求】

要求成品呈条状圆柱体，表面光滑，形格完整（图7.31）。

【任务评价】

图7.31　出条技法成品

【任务作业】

1. 出条技法应注意的关键问题是什么？

2. 两种面团的出条技法有什么区别?

【任务视频】

任务 8 出体技法

【任务描述】

出体技法是制作中式点心最常用的技法之一，也是学生学习中式点心、练习基本功的过关项目之一。通过出体技法训练，可以锻炼学生双手的协调性，灵活性，为后续学习打好基础。

【学习目标】

1. 掌握两种面团的出体技法。
2. 能利用出体技法制作相应的点心。
3. 引导学生树立精益求精的思想，培养大国工匠意识，形成爱国、敬业，为人民服务的思想。

【任务准备】

1. 原料准备（图7.32）
水调面团1块、油酥面团1块。

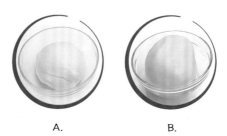

A.   B.

图7.32　出体技法材料

2. 设备与工具准备
刮刀、桑刀。

【任务实施】

14.8.1　水调面团出体
1）揪体
水调面团出体（图7.33）主要有揪体与切体。揪体是先将水调面团搓条，与右手食指根部保持垂直，再将食指弯曲，指尖勾住面团，大拇指与面团保持垂直，3个指头配合揪住面团，左手配合拿住面团，双手贴紧，用力向斜下方拉出，将面团揪下，均匀地摆放于前方。

2）切体
将水调面团搓条，用桑刀切出适当大小的体，每切一个，面团转动一下。

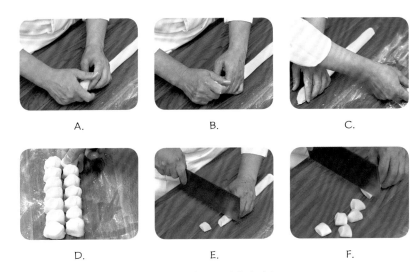

图7.33　水调面团出体过程

14.8.2　油酥面团出体

将油酥面团切条，搓成圆柱体，用刮刀切出适当大小的体，每切一个向一边平移一个，直至完成出体（图7.34）。

图7.34　油酥面团出体过程

【技术要领】

1. 水调面团揪体时右手食指根部保持垂直，食指弯曲，指尖勾住面团，大拇指与面团保持垂直，3个指头配合揪住面团，左手配合拿住面团，双手贴紧，用力向斜下方拉出。

2. 水调面团切体时每切一个，面团转动一下。

3. 油酥面团出体时每切一个向一边平移一个。

4. 注意大小均匀、切口整齐。

【质量要求】

要求成品大小均匀，形格完整（图7.35）。

图7.35　出体技法成品

【任务评价】

【任务作业】

1. 出体技法应注意的关键问题是什么?
2. 两种面团的出体技法有何区别?

【任务视频】

任务 ⑨ 搓圆技法

【任务描述】

搓圆技法是学习中式点心重点练习的基本功之一，是制作大多数中西式点心工艺流程的重要技法。通过搓圆技法训练，可以锻炼学生双手的灵活性、协调性与相互配合，为制作多种中西式点心打好基础。

【学习目标】

1. 掌握3种面团的搓圆技法。
2. 能利用搓圆技法制作相应的点心。
3. 引导学生树立精益求精的思想，培养大国工匠意识，形成爱国、敬业，为人民服务的思想。

【任务准备】

1. 原料准备（图7.36）
软质面包面团1块、糯米粉面团1块、油酥面团1块。

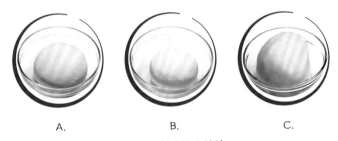

A.　　　　　　B.　　　　　　C.

图7.36　搓圆技法材料

2. 设备与工具准备
刮刀。

【任务实施】

14.9.1　软质面包面团搓圆（图7.37）

将软质面包面团均匀分成约60 g的面团。

搓圆方法1：双手分开直立于案板上，分别扣住一个面团，大拇指向下指尖贴紧案板，双手同时向外旋转搓压，搓成表面光滑圆整、底部带螺旋纹的圆球形面团。

搓圆方法2：双手手心向前，分别扣住一个面团放于案板上，双手同时向前旋转推压，使面团直线型滑动，如此反复，搓成表面光滑圆整、底部带螺旋纹的圆球形面团，此手法对大小面团的搓圆均适合。

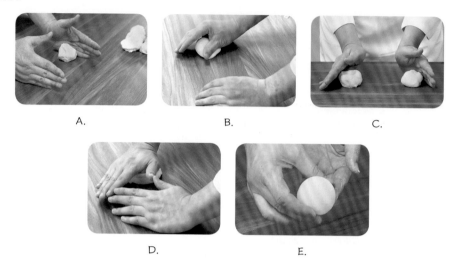

图7.37 软质面包面团搓圆过程

14.9.2 油酥面团搓圆（图7.38）

将油酥面团出体每个约25 g。拿起用双手夹紧，使面团在手心前后左右交叉旋转，轻轻用力搓成圆球形；也可一次将两个面团间隔置于手心，前后左右交叉旋转，轻轻用力搓成圆球形。

图7.38 油酥面团搓圆过程

14.9.3 糯米粉面团搓圆（图7.39）

将糯米粉面团出体每个约25 g。搓圆手法同油酥面团，但搓此面团如果用力过轻，压薄后面团边缘会裂开，对折后也会裂开，故需先用力将面团搓烂，然后搓圆，压薄后面团边缘没有裂纹，对折后也没有裂纹。

图7.39 糯米粉面团搓圆过程

【技术要领】

1. 搓软质面包面团时双手分开直立，指尖贴紧案板，手心向前旋转推压。

2. 搓油酥面团时，双手前后左右交叉旋转，轻轻用力搓成圆球形。

3. 搓糯米粉面团时，先将面团充分擦透，然后搓圆，压薄后面团边缘没有裂纹，对折后也没有裂纹。

【质量要求】

软质面包面团要求成品表面光滑圆整，底部带螺旋纹。油酥面团与糯米粉面团成品形格圆整，表面光滑细腻（图7.40）。

图7.40 搓圆技法成品

【任务评价】

【任务作业】

1. 搓圆技法应注意的关键问题是什么？

2. 3种面团的搓圆技法有何区别？

【任务视频】

任务视频

任务⑩ 擀皮技法

【任务描述】

擀皮技法是制作烫面面团（煎饺面皮）、发酵面团（生肉包面皮）等中式点心的常用技法，是学习中式点心的基本功之一。通过擀皮技法训练，使学生学会使用酥棍对面团坯体进行擀压，可以锻炼学生双手的协调性。

【学习目标】

1. 掌握两种面团的擀皮技法。
2. 能利用擀皮技法制作相应的点心。
3. 引导学生树立精益求精的思想，培养大国工匠意识，形成爱国、敬业，为人民服务的思想。

【任务准备】

1. 原料准备（图7.41）
发酵面团1块、温水面团1块。

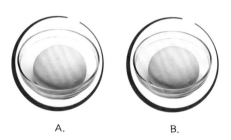

A.   B.

图7.41　擀皮技法材料

2. 设备与工具准备
酥棍。

【任务实施】

14.10.1　发酵面团擀制（图7.42）

将发酵面团出体每个约25 g，先将坯体压扁，用左手食指、中指与大拇指捏住坯体中间，右手抻直用手心部分压住酥棍，放于压扁的坯体下方，向上擀压到坯体中心处，再回到原点，向上擀的时候用力，回来不用力。右手每擀一下，左手旋体一下，如此反复，将坯体擀成中间厚、四周薄、直径7 cm的圆件。

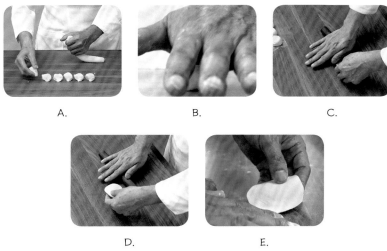

图7.42　发酵面团擀制过程

14.10.2　温水面团擀制（图7.43）

将温水面团出体每个约10 g，先将坯体压扁，将酥棍置于坯体中间，用右手压住酥棍，上下用力擀制，不能擀到尽头，每擀制一次用左手将坯体旋转一次，如此反复，将坯体擀成厚薄均匀、直径7 cm的圆件。

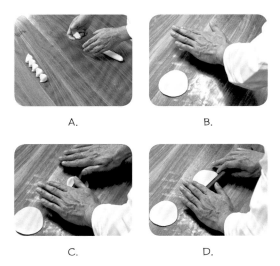

图7.43　温水面团擀制过程

【技术要领】

1. 用左手食指、中指与大拇指捏住坯体中间，用手心部分压住酥棍。

2. 用右手压住酥棍，上下擀制，不能擀到尽头，每擀制一次用左手将坯体旋转一次。

【质量要求】

要求成品呈圆形，表面光洁，大小均匀一致（图7.44）。

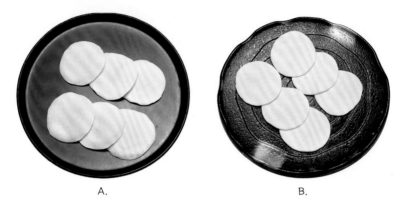

图7.44 擀皮技法成品

【任务评价】

【任务作业】

1. 擀皮技法应注意的关键问题是什么？
2. 两种面团的擀制技法有何区别？

【任务视频】

任务11 打皮技法

【任务描述】

打皮技法是制作干蒸烧卖、萨其玛、蛋散等中式点心的常用技法，是学习中式点心的基本功之一。通过打皮技法训练，使学生学会使用大面棍对面团进行擀压，加深对筋性面团性质的理解。

【学习目标】

1. 掌握两种打皮技法。
2. 能利用打皮技法制作相应的点心。
3. 引导学生树立精益求精的思想，培养大国工匠意识，形成爱国、敬业，为人民服务的思想。

【任务准备】

1. 原料准备（图7.45）
水调面团1块、风车生粉适量。

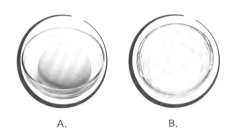

A.   B.

图7.45　打皮技法材料

2. 设备与工具准备
压面机、大面棍2根。

【任务实施】

14.11.1　面团压片
将水调面团过压面机，压成宽25 cm、厚0.3 cm的长方体面片。

14.11.2　打皮（图7.46）
1）推打法
将面片平铺于案板上，在表面撒上薄薄一层生粉，用大面棍将面片卷起，用双手手掌心压住，从卷起的面片中间向两端向前滚动，用适度的力推打，推4～5次后，用另一根面棍换边卷起，再推打，如此反复，一直打到符合要求的厚薄度。

2）压打法

将面片平铺于案板上，在面片上撒上薄薄一层生粉，用大面棍将面片卷起，卷接口向下，将面棍抽出，然后把面片放于案台边缘，用面棍先横向在正中间压一下，再将面棍竖向从中间向两端压打，压法呈"米"字形，每压一遍将面片重新卷起，抽出面棍，再依照"米"字形压法压打，如此反复，一直打到符合要求的厚薄度。

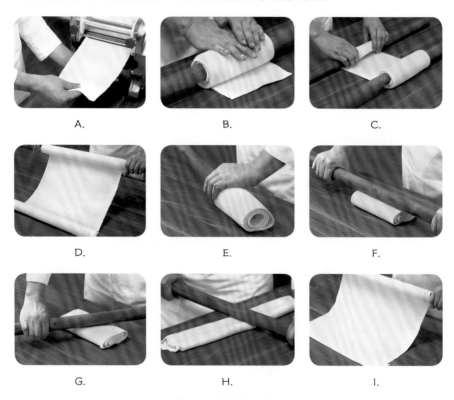

图7.46 打皮技法过程

【技术要领】

1. 通常使用生粉做粉焙。
2. 注意按成品要求压打至所需的厚薄度。

【质量要求】

要求成品呈两张纸厚薄，均匀一致，呈半透明状，形格完整（图7.47）。

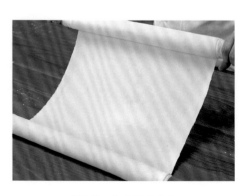

图7.47 打皮技法成品

【任务评价】

【任务作业】

1. 打皮技法应注意的关键问题是什么？

2. 两种打皮技法有何区别?

【任务视频】

任务视频

学习笔记

任务⑫ 拍皮技法

【任务描述】

拍皮技法是用拍皮刀将皮料拍成薄的圆件的一种手法，常用于制作澄面皮及油酥皮。是学生基本功的过关项目之一。

【学习目标】

1. 掌握两种拍皮技法。

2. 能利用拍皮技法制作相应的点心。

3. 引导学生树立精益求精的思想，培养大国工匠意识，形成爱国、敬业，为人民服务的思想。

【任务准备】

1. 原料准备（图7.48）

澄面面团1块、油酥面团1块。

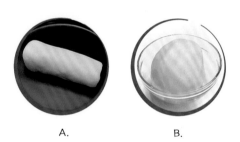

A.　　　　　　　B.

图7.48　拍皮技法材料

2. 设备与工具准备

拍皮刀、油布。

【任务实施】

14.12.1　澄面面团拍皮（图7.49）

将澄面皮分成每个约12.5 g的小面团；搓成榄核形，用左手掌后部压扁后，右手拿拍皮刀在放了色拉油的布上拍粘一层薄薄的油；左手压拍皮刀背面，由左向右压制面团，使面团压成左薄右稍厚、直径为7 cm的圆形面皮（阴阳皮）。

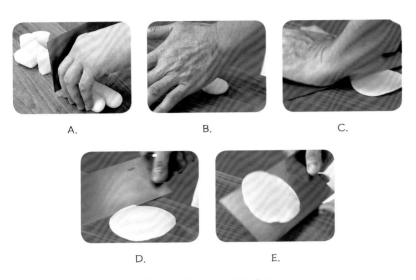

A.   B.   C.

D.   E.

图7.49　澄面面团拍皮过程

14.12.2　油酥面团拍皮（图7.50）

　　将油酥面团出体每个约12.5 g，搓圆、压扁，右手拿拍皮刀，左手压拍皮刀背面，由左向右压制面团，将面团压成厚薄均匀、直径为7 cm的圆形面皮。

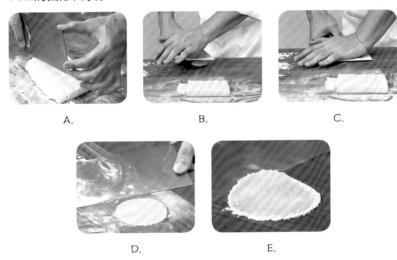

A.   B.   C.

D.   E.

图7.50　油酥面团拍皮过程

【技术要领】

1. 澄面皮搓成榄核形后拍皮。
2. 油酥皮搓圆、压扁后拍皮。

【质量要求】

成品呈圆形，大小均匀一致（图7.51）。

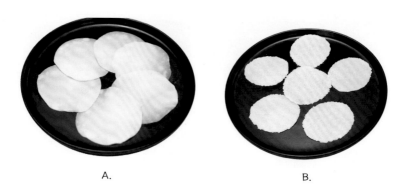

A.   B.

图7.51   拍皮技法成品

【任务评价】

【任务作业】

1. 拍皮技法应注意的关键问题是什么?
2. 两种拍皮技法有何区别?

【任务视频】

任务 13 捏皮技法

【任务描述】

捏皮技法是制作中式点心最常用的手法之一，如油酥面团、糯米粉面团、植物皮面团、粉果皮等均需捏皮。通过捏皮技法训练，可以为多数中式点心制作打好基础。

【学习目标】

1. 掌握两种捏皮技法。
2. 能利用捏皮技法制作相应的点心。
3. 引导学生树立精益求精的思想，培养大国工匠意识，形成爱国、敬业，为人民服务的思想。

【任务准备】

1. 原料准备（图7.52）
粉果皮面团1块、生粉适量、糯米粉面团1块。

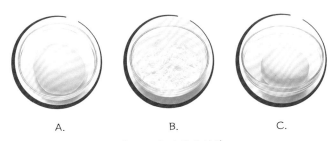

A.   B.   C.

图7.52 捏皮技法材料

2. 设备与工具准备
刮刀、酥棍。

【任务实施】

14.13.1 粉果皮面团捏皮（图 7.53）

将粉果皮面团出体每个约15 g，用双手搓圆并压扁成圆形，撒上生粉做粉焙，3～5件叠放在一起；双手大拇指并拢，与双手四指配合捏住坯体中间，从中间开始捏压面团，逐渐向四周捏压，在捏压过程中适当调整叠放次序，以保持各个面皮的均匀，最终压薄压大成直径8 cm、厚度较薄的圆件。

A.   B.   C.

D.   E.

图7.53 粉果皮面团捏皮过程

14.13.2 糯米粉面团捏皮（图7.54）

将糯米粉面团出体每个约25 g，用双手搓圆并压扁成圆形，再将双手大拇指并拢，与双手四指配合捏住坯体中间，从中间开始捏压面团，逐渐向四周捏压，使其压薄增大成5 cm、厚度较厚的圆件。

A.   B.   C.

D.   E.

图7.54 糯米粉面团捏皮过程

【技术要领】

1. 粉果皮面团捏皮使用生粉做粉焙，捏皮时，3～5件一起捏，注意调换皮的位置。

2. 糯米粉面团要求捏成较厚的窝形。

【质量要求】

要求成品大小、厚薄均匀一致，粉果皮呈较薄的灯

图7.55 捏皮技法成品

盏形状；糯米皮呈较厚的窝形（图7.55）。

【任务评价】

【任务作业】

1. 捏皮技法应注意的关键问题是什么？
2. 两种捏皮技法有何区别？

【任务视频】

任务视频

任务⑭ 卷制技法

【任务描述】

卷制技法是制作中式点心常用的成型技法之一，许多中式点心成型都会用到卷的技法。卷一般分为单卷、双卷，其中以单卷技法最为常用。

【学习目标】

1. 掌握两种卷制技法。
2. 能利用卷制技法制作相应的点心。
3. 引导学生树立精益求精的思想，培养大国工匠意识，形成爱国、敬业，为人民服务的思想。

【任务准备】

1. 原料准备（图7.56）
发酵面团1块、豆沙馅1块、黄油1块、盐少许、葱花适量。

图7.56　卷制技法材料

2. 设备与工具准备
压面机、油扫、酥棍、桑刀。

【任务实施】

14.14.1　推卷成型——以葱花卷为例（图7.57）

将发酵面团过压面机成厚度为0.5 cm的长方体，在表面撒上少许精盐，扫上一层融化的黄油，最上端边缘处不扫黄油，撒上葱花，在最下方用双手食指与拇指用力卷紧，然后从下向上推卷，将接口处用清水湿润粘紧。用桑刀斩出长4 cm的坯体，造型呈马蹄状花卷。

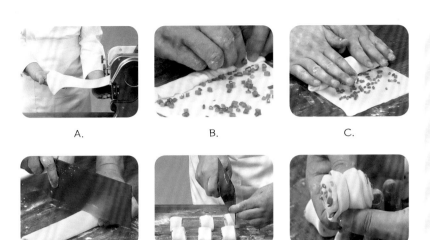

图7.57 推卷成型过程

14.14.2 挤卷成型——以豆沙卷为例（图7.58）

将发酵面团出体每个约50 g，搓圆，擀成椭圆形，在一边放上约15 g的豆沙馅，用双手四指指尖从上向下卷制面团，每卷一次用双手四指向前挤一次，如此反复，接口处用两手大拇指用力压紧。表面用桑刀切出纹路，弯曲造型。

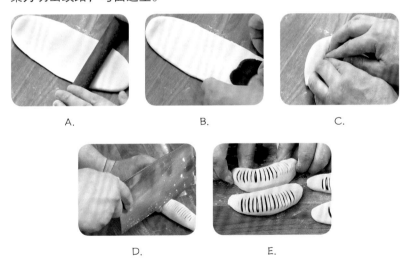

图7.58 挤卷成型过程

【技术要领】

1. 推卷时注意最上端边缘处不摸黄油，否则卷口处粘不紧。
2. 挤卷时双手四指每卷一次向前挤一次。

【质量要求】

要求成品卷制层次均匀，坯体紧密结实，无大空隙（图7.59）。

 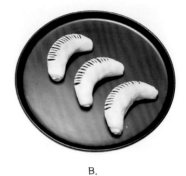

A.   B.

图7.59　卷制技法成品

【任务评价】

【任务作业】

1. 卷制技法应注意的关键问题是什么?
2. 两种卷制技法有何区别?

【任务视频】

任务 ⑮ 挤注技法

【任务描述】

挤注技法是制作卜乎、曲奇点心的常用技法，也是学习中式点心、裱花蛋糕的基本功之一。通过挤注技法训练，使学生学会运用裱花袋对面团进行造型，锻炼学生双手的协调性、观察力与控制力。

【学习目标】

1.掌握挤注技法。

2.能利用挤注技法制作相应的点心。

3.引导学生树立精益求精的思想，培养大国工匠意识，形成爱国、敬业，为人民服务的思想。

【任务准备】

1.原料准备（图7.60）

卜乎面团1份、松质曲奇面团1份。

A.　　　　　　　　B.

图7.60　挤注技法材料

2.设备与工具准备

不锈钢盆、裱花袋、剪刀、挤花嘴、抹刀。

【任务实施】

14.15.1　卜乎面团挤注（图7.61）

将挤花袋用剪刀剪出适量大小的孔，装入圆孔嘴；将左手拇指与四指张开，撑住裱花袋上端，用抹刀挑起适量的卜乎面团装入后靠紧虎口处向外抽拉抹刀，将面团装入裱花袋下端，然后拧紧裱花袋，再用右手虎口夹紧裱花袋拧口处，右手四指并拢放于裱花袋上，垂直于不锈钢盘，花嘴距离不锈钢盘1 cm高，右手拇指与四指用力压挤，挤出直径4 cm的半球状。

A.

B.

C.

D.

图7.61 卜乎面团挤注过程

14.15.2 曲奇面团挤注（图7.62）

用挤注卜乎面团同样的方法挤注曲奇面团，用不同大小的菊花嘴挤出不同形状的曲奇图案。

A.

B.

C.

D.

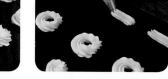
E.

图7.62 曲奇面团挤注过程

【技术要领】

1. 根据挤花嘴的大小将挤花袋剪出合适的孔。
2. 挤花袋口需拧紧，用右手虎口夹紧裱花袋拧口处，以防原料从袋口溢出。
3. 右手拇指与四指同时用力压挤。

【质量要求】

要求成品大小、厚薄均匀一致，花纹清晰，摆放整齐（图7.63）。

A.

B.

图7.63 挤注技法成品

【任务评价】

【任务作业】

1. 挤注技法应注意的关键问题是什么？
2. 怎样才能挤出大小均匀的坯体？

【任务视频】

任务 16 捏盏技法

【任务描述】

捏盏技法是制作各种挞、派类点心的常用技法，也是学习中式点心的基本功之一。通过捏盏技法训练，使学生学会运用各种形状的盏类模具对面团进行造型，锻炼学生双手的协调性。

【学习目标】

1. 了解中式点心制作中的基本技法的种类。
2. 学会中式点心制作中的基本技法——捏盏技法的操作。
3. 引导学生树立精益求精的思想，培养大国工匠意识，形成爱国、敬业，为人民服务的思想。

【任务准备】

1. 原料准备（图7.64）
层酥面团1块。

图7.64　层酥面团（捏盏技法材料）

2. 设备与工具准备
通槌、花钣、圆形锡盏。

【任务实施】

层酥面团捏盏造型（图7.65）。
①将层酥面团用通槌推开成0.8 cm厚的长方块，用花钣压制出圆形蛋挞皮。
②将蛋挞皮放入圆形锡盏内，先用右手大拇指按压面团中心，使面皮与盏之间无空隙。
③将两手大拇指并拢，与双手四指配合捏住皮与盏，从盏底部开始边捏边转、一直捏到盏的最上面，将皮捏得高出盏边约1 cm即可。

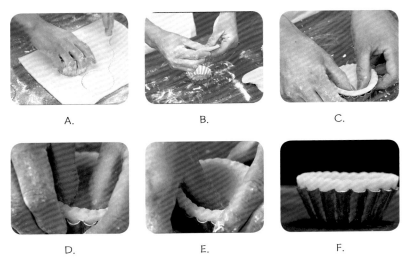

A.　　　　　　　B.　　　　　　　C.

D.　　　　　　　E.　　　　　　　F.

图7.65　捏盏技法过程

【技术要领】

1. 捏盏时用指腹捏，朝上的一面粘上适量面粉，朝下一面不粘面粉。

2. 夏季捏盏时，可将面团适当冷冻一下。

【质量要求】

要求成品厚薄大小均匀、不穿孔、不吊盏，不捏死面皮的边缘，面皮边缘需高出盏1 cm左右（图7.66）。

图7.66　捏盏技法成品

【任务评价】

【任务作业】

1. 捏盏时面皮边缘为什么要高出盏1 cm？

2. 捏蛋挞皮和葡挞皮有何区别？

【任务视频】

任务 17 模具成型技法

【任务描述】

模具成型技法是制作造型类中式点心的常用技法，也是学习中式点心的基本功之一。通过模具成型技法训练，使学生学会运用模具对面团进行造型，锻炼学生双手的协调性。

【学习目标】

1. 学会中式点心制作中的基本技法——模具成型技法的操作。
2. 能利用模具成型技法制作相应的中式点心。
3. 引导学生树立精益求精的思想，培养大国工匠意识，形成爱国、敬业，为人民服务的思想。

【任务准备】

1. 原料准备（图7.67）

月饼皮1块、晶饼皮1块、硬质曲奇皮1块、莲蓉馅适量。

A.   B.   C.   D.

图7.67 模具成型技法材料

2. 设备与工具准备

月饼模具、晶饼模具、曲奇模具。

【任务实施】

14.17.1 月饼模具造型（图7.68）

将月饼皮出体每个约30 g，包入150 g莲蓉馅。用高筋粉做粉焙，将包好的胚体粘上一层薄薄的面粉，然后搓成圆柱体，立放于案台上，用一只手将月饼模具扣压在坯体上，用力向下压紧，另一只手压住弹簧柄，迅速下压一下，将月饼脱模即可。

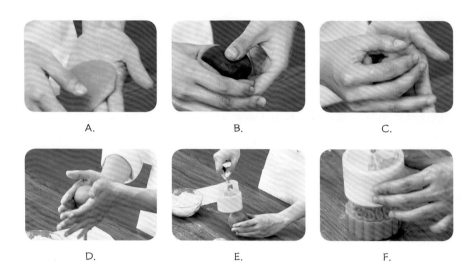

图7.68　月饼模具成型过程

14.17.2　晶饼模具造型（图7.69）

将晶饼皮出体每个约20 g，包入10 g的莲蓉馅，收口朝上，放入晶饼模中，用手按压紧实后敲出即可。

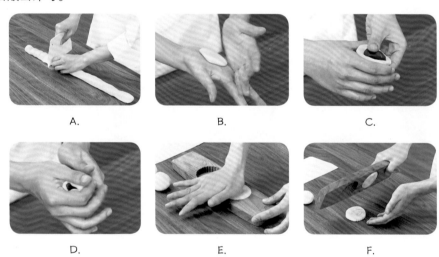

图7.69　晶饼模具成型过程

14.17.3　曲奇模具造型（图7.70）

将硬质曲奇皮整成厚约0.8 cm的长方体，将曲奇模放在上面，用手掌按压直至底部，使曲奇皮呈不同的造型。

图7.70　曲奇模具成型过程

【技术要领】

1. 月饼成型过程中模具扣压在饼坯上需用力，切勿使模具移动，否则月饼皮易被挤压出模具，影响成品效果。

2. 晶饼成型过程中，收口朝上放置在模具中，边缘按压紧实，保证形格完整。

3. 曲奇成型过程中，用手掌压应一气呵成，使曲奇边缘完整。

【质量要求】

要求成品形格完整，花纹纹路清晰，不变形（图7.71）。

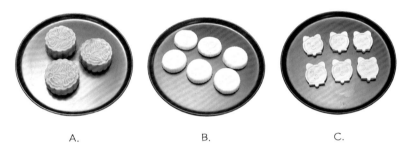

A.   B.   C.

图7.71 模具成型技法成品

【任务评价】

【任务作业】

1. 列举你所熟悉的模具成型技法。

2. 模具成型技法在中式点心中多用于制作什么产品？

【任务视频】

任务视频

任务 18 剪成型技法

【任务描述】

剪成型技法是学习中式点心重点练习的基本功之一，也是学生学习中式点心的过关项目之一。通过剪成型技法训练，可以锻炼学生双手的灵活性、协调性与点心造型的精细程度，有助于更好地制作多种中式点心。

【学习目标】

1. 学会中式点心制作中的基本技法——剪成型技法的操作。
2. 能利用剪成型技法制作相应的中式点心。
3. 引导学生树立精益求精的思想，培养大国工匠意识，形成爱国、敬业，为人民服务的思想。

【任务准备】

1. 原料准备（图7.72）
发酵面团300 g、莲蓉馅适量。

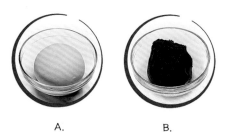

A.   B.

图7.72 剪成型技法材料

2. 设备与工具准备
剪刀1把。

【任务实施】

剪成型技法造型过程——以刺猬包为例（图7.73）。
1）出体制皮
将发酵面团过压面机至纯滑成厚度为0.8 cm的方块，用直径5 cm的光钑盖出圆件。
2）刺猬包造型
取一张皮，包上15 g莲蓉馅呈圆球形后，用虎口在面团局部收出一个尖角，成水滴状，左手拿面团，右手持剪刀，将剪刀两齿张开，倾斜60°紧贴面团，迅速剪出小刺，第一层剪完后，剪第二层时将剪刀放于第一层两个刺之间剪，以此类推，直至剪完。

A.   B.   C.

D.   E.

F.   G.

图7.73 刺猬包造型过程

【技术要领】

1. 最好用细头尖头且锋利的小剪刀，剪出来的刺长而细。
2. 剪时托住刺猬的手部动作要轻，防止刺猬变型。
3. 面皮稍硬，不要过于软，防止在剪的过程中发酵变型。

【质量要求】

要求形态优美自然，剪刺大小均匀，形似刺猬，生动逼真（图7.74）。

图7.74 剪成型技法成品

【任务评价】

【任务作业】

1. 除了刺猬包使用剪成型技法，你还认识哪些产品使用此种技法？
2. 面团过压面机和直接出体下剂有什么区别？

学习笔记

【任务视频】

任务⑲ 钳成型技法

【任务描述】

钳成型技法是学习中式点心重点练习的基本功之一，也是学生学习中式点心的过关项目之一。通过钳成型技法训练，可以锻炼学生双手的灵活性、协调性与点心造型的精细程度，有助于更好地制作多种中式点心。

【学习目标】

1. 学会中式点心制作中的基本技法——钳成型技法的操作。
2. 能利用钳成型技法制作相应的中式点心。
3. 引导学生树立精益求精的思想，培养大国工匠意识，形成爱国、敬业，为人民服务的思想。

【任务准备】

1. 原料准备（图7.75）
可可色发酵面团1块、莲蓉1块。

A.   B.

图7.75　钳成型技法材料

2. 设备与工具准备
花钳、刮板。

【任务实施】

钳成型技法造型过程——以核桃包为例（图7.76）。

1）出体制皮
将可可色发酵面团搓长，出体每个约25 g，包入10 g莲蓉馅呈圆球形。

2）核桃包造型
将可可色发酵面团过压面机至0.7 cm厚，用直径为5 cm的光钣印出，包入10 g莲蓉馅呈球形，收口朝下，左手轻拿，右手持花钳，先用大花钳在包体正中间夹出一条大边，用刮板在大边的中间整齐地压

出一道纹路，再用右手大拇指、食指捏住小花钳，小花钳张开约15°，两边的齿插入面团中，轻力捏出一个核桃纹路，然后将小花钳紧挨着前一个齿孔插入面团中，再捏出一个核桃纹路，如此反复钳完一层。钳下一层时应在两条纹中间钳出核桃纹路，直至钳完。

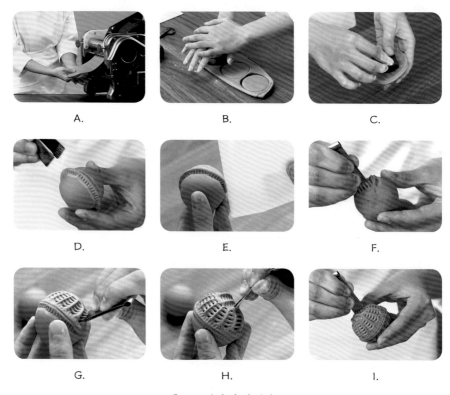

A.   B.   C.

D.   E.   F.

G.   H.   I.

图7.76 核桃包造型过程

【技术要领】

1. 钳时需用力，否则纹路不清晰。
2. 钳时托住核桃包的手部动作要轻，防止核桃包变型。
3. 面皮稍硬些，不要过于软，防止在钳的过程中发酵变型。

【质量要求】

要求形态优美自然，形状逼真，纹路清晰（图7.77）。

【任务评价】

【任务作业】

图7.77 钳成型技法成品

1. 除了核桃包，你还认识哪些使用钳成型技法的产品？
2. 制作核桃包能否包制较软的馅？

【任务视频】

任务⑳ 捏成型技法

【任务描述】

捏成型技法是学习中式点心重点练习的基本功之一，也是学生学习中式点心的过关项目之一。通过捏成型技法训练，可以锻炼学生双手的灵活性、协调性与点心造型的精细程度，有助于更好地制作多种中式点心。

【学习目标】

1. 学会中式点心制作中的基本技法——捏成型技法的操作。
2. 能利用捏成型技法制作相应的中式点心。
3. 引导学生树立精益求精的思想，培养大国工匠意识，形成爱国、敬业，为人民服务的思想。

【任务准备】

1. 原料准备（图7.78）
澄面皮1块、糯米粉皮1块、酥皮1块、莲蓉馅适量。

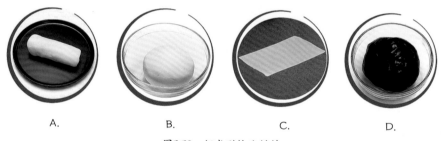

A.　　　　　　　B.　　　　　　　C.　　　　　　　D.

图7.78　捏成型技法材料

2. 设备与工具准备
刮板、光钣。

【任务实施】

14.20.1　推捏成型（图7.79）

将澄面皮揪出一小块，加上色素揉搓均匀；剩余的澄面皮搓成长条，用刮板切出20 g的小块若干，将上色的澄面皮搓成细长条，围在圆形饼皮的周围，然后稍微压扁，大拇指同食指呈掐捏状态，贴紧用力往前推进，呈卷曲状，以此类推。

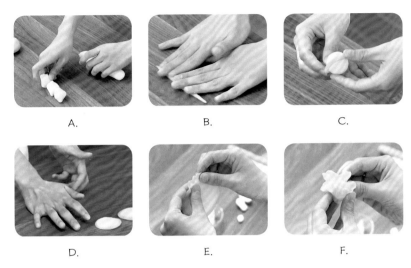

A.   B.   C.

D.   E.   F.

图7.79 推捏成型技法过程

14.20.2 折捏成型（图7.80）

将糯米粉皮出体每个约25 g，搓圆后用掌心压扁，包入15 g莲蓉馅，对折边缘后捏紧，指腹从边缘往中间捏紧，呈榄核形。

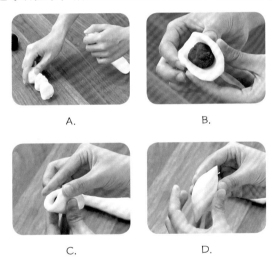

A.   B.

C.   D.

图7.80 折捏成型技法过程

14.20.3 扭捏成型（图7.81）

先将层酥皮开成0.5 cm厚的长方体，再用直径为5 cm的光钣印出圆件，包入15 g莲蓉馅，对折捏紧边缘，大拇指同食指呈掐捏状，从一边开始，用力掐捏一下，把捏出的部分用大拇指翻转180°捏紧，再掐捏，如此反复。

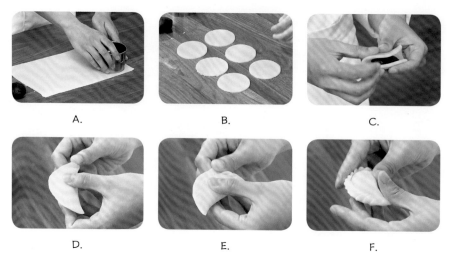

A.　　　　　　　　B.　　　　　　　　C.

D.　　　　　　　　E.　　　　　　　　F.

图7.81　扭捏成型技法过程

【技术要领】

1. 推捏时大拇指往前推进，食指则往后推。
2. 折捏时切勿做成半月形。
3. 扭捏时用大拇指的侧边缘来捏紧。

【质量要求】

要求形态自然，纹路清晰（图7.82）。

A.　　　　　　　　B.　　　　　　　　C.

图7.82　捏成型技法成品

【任务评价】

【任务作业】

1. 扭捏技法在中式点心中多用于制作什么产品？
2. 推捏时皮易推破，应如何解决？

【任务视频】

任务 21　斩切成型技法

【任务描述】

斩切成型技法是学习中式点心重点练习的基本功之一，通过斩切成型技法训练，使学生学会使用桑刀对产品熟练地造型，如斩馒头、切制蛋糕与糕品、菊花酥、豆沙香片等。

【学习目标】

1. 学会中式点心制作中的基本技法——斩切成型技法的操作。
2. 能利用斩切成型技法制作相应的中式点心。
3. 引导学生树立精益求精的思想，培养大国工匠意识，形成爱国、敬业，为人民服务的思想。

【任务准备】

1. 原料准备（图7.83）

发酵面团1块、瑞士蛋卷1条、马蹄糕1块、豆沙馅1块。

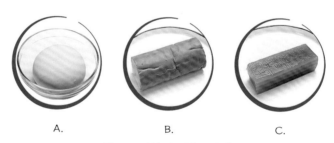

A.　　　　　　　　B.　　　　　　　　C.

图7.83　斩切成型技法材料

2. 设备与工具准备

压面机、桑刀。

【任务实施】

14.21.1　斩馒头（图7.84）

将发酵面团过压面机成薄的长方体面片，卷起并搓成直径为4 cm的圆柱体，右手拿桑刀垂直快速斩下，斩成4 cm宽的件头，每斩一个用左手向上下分别拿开，直至斩完。

A.　　　　　　　　B.　　　　　　　　C.

图7.84　斩馒头过程

14.21.2 瑞士蛋卷切件（图7.85）

将桑刀与桌面呈45°放于瑞士蛋卷左边，用推拉切手法切成宽2 cm的圆件。

A.　　　　　　　　　B.　　　　　　　　　C.

图7.85　瑞士蛋卷切件过程

14.21.3 马蹄糕切件（图7.86）

将马蹄糕整成宽6 cm的长方体，桑刀平放于马蹄糕左边，用直切手法快速下切，切成宽2 cm的方件。

A.　　　　　　　　　B.　　　　　　　　　C.

图7.86　马蹄糕切件过程

【技术要领】

1. 斩切馒头时，动作要干脆利落。
2. 切瑞士卷时，切勿用刀直切。
3. 切马蹄糕时，要冷却后切件，切时动作要干脆。

【质量要求】

要求斩切的成品切口平滑，形格规整，大小均匀一致，整洁美观（图7.87）。

A.　　　　　　　　　B.　　　　　　　　　C.

图7.87　斩切成型技法成品

【任务评价】

【任务作业】

1. 请举例说明使用斩切成型技法的其他产品。
2. 能否用推切手法切马蹄糕?

【任务视频】

任务视频

任务 22 水洗面筋及面筋特性

【任务描述】

面筋是面粉中的蛋白质吸水形成的，在所有谷类原料中，只有小麦粉有面筋，认识面筋、了解面筋的性质，在中式点心学习中显得尤为重要。

【学习目标】

1. 学会中式点心制作中的基本技法——水洗面筋的操作。
2. 了解面筋形成原理及其特性。
3. 引导学生树立精益求精的思想，培养大国工匠意识，形成爱国、敬业，为人民服务的思想。

【任务准备】

1. 原料准备（图7.88）

高筋面粉250 g、清水150 g。

A.   B.

图7.88 水洗面筋材料

2. 设备与工具准备

不锈钢盆、油筛。

【任务实施】

14.22.1 水洗面筋制作（图7.89）

首先将面粉与清水混合制成面团；其次将面团放入盆中，加入清水，用手将面团抓碎；再将碎面屑用油筛过滤出来，置于水龙头下，用流水冲洗，边洗边揉搓，直至无白色淀粉洗出，将面筋整成团状，放于装水的盆中静置约30 min。

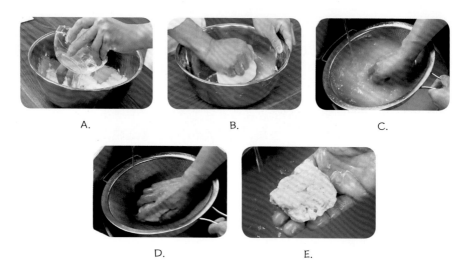

A.   B.   C.

D.   E.

图7.89　水洗面筋过程

14.22.2　水洗面筋的性质展示（图7.90）

水洗面筋具有延伸性、弹性与韧性，延伸性是指面筋被拉长而不断裂的能力；弹性是指湿面筋被压缩或拉伸后恢复原来状态的能力；韧性是指面筋在拉伸时所表现的抵抗力。

A.   B.   C.

图7.90　水洗面筋的性质展示过程

【技术要领】

1. 洗面筋时可将面团分成小块，便于小麦淀粉更快洗出。

2. 洗出的面筋静置30 min后更易于观察面筋的特性。

【质量要求】

要求成品有良好的筋韧性，拉抻而不断裂，压缩或拉抻马上恢复原状（图7.91）。

图7.91　水洗面筋成品

【任务评价】

【任务作业】

1. 面筋的形成原理是什么？有何特性？
2. 水洗面筋以及小麦淀粉在日常中多用于制作什么产品？

【任务视频】

任务 23 提褶包造型

【任务描述】

提褶包造型是学习中式点心重点练习的基本功之一，也是学生学习中式点心的过关项目之一。通过提褶包造型训练，可以锻炼学生双手的灵活性、协调性与点心造型的精细程度，有助于学生更好地制作多种中式点心。

【学习目标】

1. 学会中式点心制作中的基本技法——提褶包造型的操作。
2. 能熟练且独立完成提褶包的制作过程。
3. 引导学生树立精益求精的思想，培养大国工匠意识，形成爱国、敬业，为人民服务的思想。

【任务准备】

1. 原料准备（图7.92）
发酵面团300 g、生肉馅100 g。

A.　　　　　　　　　　　　B.

图7.92　提褶包造型材料

2. 设备与工具准备
酥棍、馅挑。

【任务实施】

提褶包造型过程（图7.93）如下。

1）出体制皮

将发酵面团搓成直径长4 cm的圆柱体，出体每个约30 g，擀成中间厚、四周薄、直径7 cm的圆件。

2）包馅造型

取一张皮，包上15 g的生肉馅，放于左手前端，右手拿馅挑将馅料压实成窝形，然后将右手大拇指勾成90°，食指贴紧面皮，右手捏住面皮向外倾斜，用掐捏手法，右手每捏一个褶，就将皮稍旋转一下，再捏下一个褶，如此反复，捏褶18道以上，再将捏好的褶以顺时针方向拉直，最后收口呈鱼嘴形或雀笼形的提褶包。

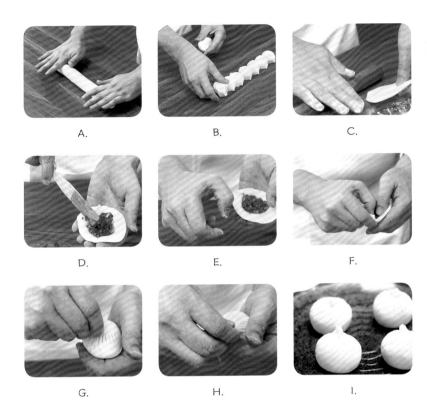

A.　　B.　　C.

D.　　E.　　F.

G.　　H.　　I.

图7.93　提褶包造型过程

【技术要领】

1. 面皮不可过硬，否则花纹易裂开；过软则花纹不清晰。
2. 馅料要压实，使底部呈窝状，否则馅料易漏出影响成品效果。
3. 右手食指稍微用力，使纹路更明显。

【质量要求】

要求形态优美自然，规格一致，馅与面皮均衡适度，捏褶18道以上，呈鱼嘴形或雀笼形，花纹清晰，间距均匀（图7.94）。

图7.94　提褶包造型成品

【任务评价】

【任务作业】

1. 制作提褶包时制皮上有什么要求？
2. 制作提褶包时手应如何用力？

【任务视频】

任务 24 柳叶包造型

【任务描述】

柳叶包造型是学习中式点心重点练习的基本功之一，也是学生学习中式点心的过关项目之一。通过柳叶包造型训练，可以锻炼学生双手的灵活性、协调性与点心造型的精细程度，有助于学生更好地制作多种中式点心。

【学习目标】

1. 学会中式点心制作中的基本技法——柳叶包造型的操作。
2. 能熟练且独立完成柳叶包的制作过程。
3. 引导学生树立精益求精的思想，培养大国工匠意识，形成爱国、敬业，为人民服务的思想。

【任务准备】

1. 原料准备（图7.95）

发酵面团300 g、生肉馅100 g。

A.   B.

图7.95　柳叶包造型材料

2. 设备与工具准备

酥棍、馅挑。

【任务实施】

柳叶包造型过程（图7.96）如下。

1）出体制皮

将发酵面团搓长成直径4 cm的圆柱体，出体每个约30 g，擀成中间厚、四周薄、直径7 cm的圆件。

2）包馅造型

取一张皮，包上15 g的生肉馅，放于左手前端，右手拿馅挑将馅料压实成窝形，右手大拇指呈90°，食指弯曲与大拇指配合从面皮底边掐捏4～6个褶，然后捏紧向上翻转90°，分别向左右靠拢，每靠向一边就捏一个褶，以此类推，捏褶左右各6道以上，最后收口处搓尖即可。

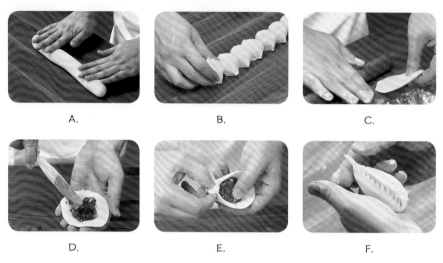

| A. | B. | C. |
| D. | E. | F. |

图7.96　柳叶包造型过程

【技术要领】

1. 面皮稍软，在制作时需用力捏紧褶子，防止褶子在蒸制过程中爆裂。
2. 馅料要压实，使底部呈窝状，否则馅料在制作中易漏出影响成品效果。

【质量要求】

要求形态优美自然，规格一致，左右柳叶纹6褶以上，花纹清晰，间距均匀，表面形似柳叶（图7.97）。

图7.97　柳叶包造型成品

【任务评价】

【任务作业】

1. 制作柳叶包对面皮有什么要求？
2. 制作柳叶包时左右手应如何配合？

【任务视频】

任务视频

任务25 甜馅包制技法

【任务描述】

甜馅包制技法是学习中式点心重点练习的基本功之一，也是学生学习中式点心的过关项目之一。通过甜馅包制技法的训练，可以锻炼学生双手的灵活性、协调性与点心造型的精细程度，有助于学生更好地制作多种中式点心。

【学习目标】

1. 学会中式点心制作中的基本技法——甜馅包制技法的操作。
2. 能举一反三，完成不同品种同种技法的造型操作。
3. 引导学生树立精益求精的思想，培养大国工匠意识，形成爱国、敬业，为人民服务的思想。

【任务准备】

1. 原料准备（图7.98）

酵母皮1块、糯米皮1块、莲蓉馅适量。

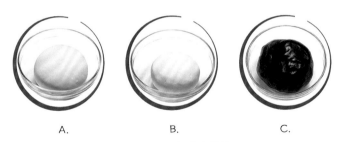

A.　　　　　　　B.　　　　　　　C.

图7.98　甜馅包造型材料

2. 设备与工具准备

压面机、刮刀、酥棍、光钣。

【任务实施】

14.25.1　酵母皮造型

1）方法1

将酵母皮出体每个约30 g，开体成中间厚、四周薄、直径5 cm的圆皮，包上15 g莲蓉馅，左手托住放置于右手虎口处，左手稍压馅成窝状，右手用虎口收，每收一下将体旋转一下，如此反复，收成圆球形，接口朝下（图7.99）。

图7.99　酵母皮甜馅包造型方法1

2）方法2（图7.100）

将酵母皮过压面机至纯滑，并压成厚度为0.8 cm的长方体，用直径5 cm的光钹盖出圆件，包上15 g莲蓉馅，左手托住放置于右手虎口处，左手稍压馅成窝状，右手用虎口收，每收一下将体旋转一下，如此反复，收成圆球形，接口朝下。

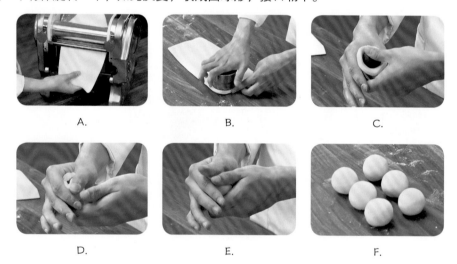

图7.100　酵母皮甜馅包造型方法2

14.25.2　糯米皮造型（图7.101）

将糯米皮出体每个约25 g，搓圆后，用手掌压扁，包上15 g莲蓉馅，左手托住放置于右手虎口处，左手稍压馅成窝状，右手用虎口收，每收一下将体旋转一下，如此反复，收成圆球形，再搓圆。

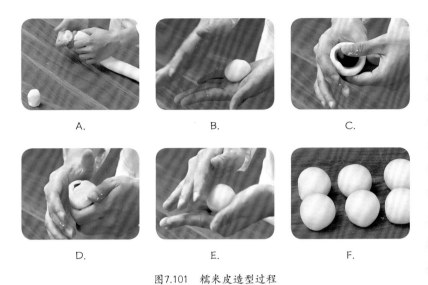

图7.101　糯米皮造型过程

【技术要领】

1. 酵母皮不可开得太大，否则收口后剩余的皮较多易造成馅心不集中。

2. 做糯米皮造型时，糯米皮应搓至纯滑后包馅，防止开裂。

3. 注意包制后收口朝下放置。

【质量要求】

要求酵母皮成品大小均匀、表面光洁，接口向下。糯米皮成品呈圆球状，表面光洁（图7.102）。

A.　　　　　　　　　　　　B.

图7.102　甜馅包造型成品

【任务评价】

【任务作业】

1. 酵母皮造型中两种制作方法有什么区别？

2. 利用甜馅包手法在中式点心中还可以制作哪些品种?

【任务视频】

任务 26　广式煎饺造型

【任务描述】

广式煎饺造型是学习中式点心重点练习的基本功之一，也是学生学习中式点心的过关项目之一。通过广式煎饺造型训练，可以锻炼学生双手的灵活性、协调性与点心造型的精细程度，有助于学生更好地制作多种中式点心。

【学习目标】

1. 了解中式点心制作中基本技法的种类。
2. 学会中式点心制作中的基本技法——广式煎饺造型的操作。
3. 引导学生树立精益求精的思想，培养大国工匠意识，形成爱国、敬业，为人民服务的思想。

【任务准备】

1. 原料准备（图7.103）

温水面团100 g、煎饺馅300 g。

A.　　　　　　　　B.

图7.103　广式煎饺造型材料

2. 设备与工具准备

酥棍、馅挑。

【任务实施】

广式煎饺造型过程（图7.104）如下。

1）出体制皮

将温水面团搓成直径长2 cm的圆柱体、出体每个约15 g，擀成直径为7 cm的圆件。

2）包馅造型

取一张皮，包上30 g的煎饺馅，放于左手前端，右手拿馅挑将馅料压实，然后用左手托住坯体，并用食指或中指推褶，右手拇指与食指捏褶，右手每捏一下，左手向后退一下，如此反复，捏出花纹均匀、呈瓦楞形的煎饺。

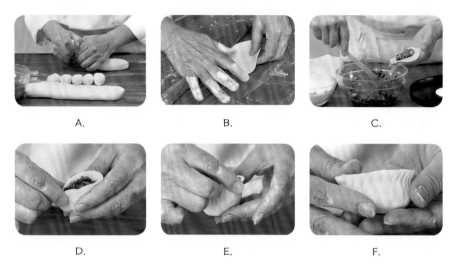

A.   B.   C.

D.   E.   F.

图7.104　广式煎饺造型过程

【技术要领】

1. 馅不能过少，否则煎饺易收缩塌陷。
2. 制皮后应尽快包制，否则皮干后包制易开裂且不易粘口。

【质量要求】

要求成品大小均匀、花纹清晰并呈瓦楞状、皮薄馅多、饺身饱满（图7.105）。

【任务评价】

【任务作业】

1. 一个合格的广式煎饺体现在哪些方面？
2. 广式煎饺的最佳皮馅比例是多少？

图7.105　广式煎饺造型成品

【任务视频】

任务视频

任务27　弯梳虾饺造型

【任务描述】

弯梳虾饺造型是学习中式点心重点练习的基本功之一，也是学生学习中式点心的过关项目之一。通过弯酥虾饺造型训练，可以锻炼学生双手的灵活性、协调性与点心造型的精细程度，有助于学生更好地制作多种中式点心。

【学习目标】

1. 学会中式点心制作中的基本技法——弯梳虾饺造型的操作。
2. 熟练掌握虾饺造型以及弯梳虾饺的衍生造型。
3. 引导学生树立精益求精的思想，培养大国工匠意识，形成爱国、敬业，为人民服务的思想。

【任务准备】

1. 原料准备（图7.106）

虾饺皮200 g、虾饺馅300 g。

A.　　　　　　　　　　　B.

图7.106　弯梳虾饺造型材料

2. 设备与工具准备

拍皮刀、馅挑。

【任务实施】

弯梳虾饺包馅造型过程（图7.107）如下。

1）出体制皮

将虾饺皮搓成细长条，分成每个约12.5 g的剂子，搓成榄核形并压扁，用拍皮刀背由左向右压制面团，使面团压成左薄、右稍厚的圆形面皮（阴阳皮）。

2）包馅造型

取一张皮，包上15 g虾饺馅，左手使用推褶手法，右手将褶捏住固定，将虾饺包制成弯梳形。

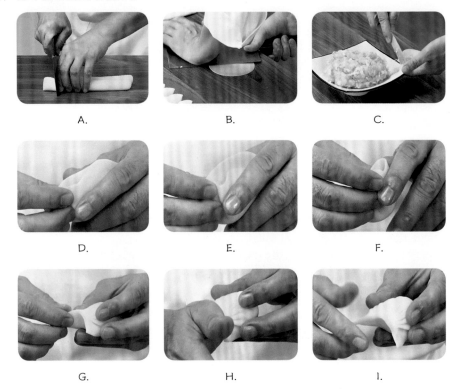

图7.107　弯梳虾饺包馅造型过程

【技术要领】

1. 拍皮时注意拍成阴阳皮，即一边薄一边厚的面皮。
2. 馅放在没油的一面，薄的那侧用来推褶。
3. 注意褶与褶之间间距一致，不要太近或者太远。
4. 虾饺皮应随拍随包，防止皮变干难以包制。

【质量要求】

要求成品大小均匀、呈弯梳形、皮薄馅多、饺身饱满、褶纹为13褶（图7.108）。

图7.108　弯梳虾饺造型成品

【任务评价】

【任务作业】

1. 弯梳虾饺皮为什么要拍成阴阳皮？
2. 弯梳虾饺的标准褶数是多少？

【任务视频】

任务视频

学习笔记

任务 28 拌馅技法

【任务描述】

拌馅技法是学习中式点心重点练习的基本功之一，也是学生学习中式点心的过关项目之一。通过拌馅技法训练，能使学生掌握馅料岗的基本技能，有助于学生更好地制作多种中式点心。常见的生馅拌制分为顺一方向擦挞法及全捞法两种。

【学习目标】

1. 学会中式点心制作中的基本技法——拌馅技法的操作。
2. 学会举一反三，对不同馅料能采用合适的方法灵活处理。
3. 引导学生树立精益求精的思想，培养大国工匠意识，形成爱国、敬业，为人民服务的思想。

【任务准备】

原料准备（图7.109）

肉滑、排骨、生粉、味料、猪油、色拉油各适量。

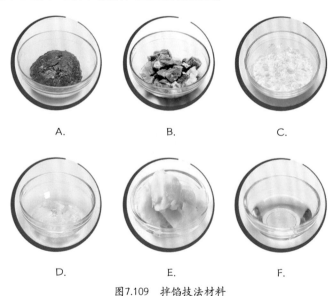

图7.109 拌馅技法材料

【任务实施】

14.28.1 顺一方向擦挞法（图 7.110）

顺一方向擦挞法拌出的馅料特点是爽滑。在加工过程中，主要是肉质在盐的高渗透力作用下，刺破内部的蛋白胶囊，使蛋白质流出，顺着一个方向的擦挞法，可将蛋白质串成链状，再经擦及挞后，使蛋白质胶黏性充分发挥，使熟后馅料达到爽滑的效果。具体方法是将肉放入盆中，加入精盐，用右手手掌顺着一个方向用力擦挞，使肉质具有胶黏性及弹性，若加水则需分次加入，每加一次待胶黏性较强时再加下一次。

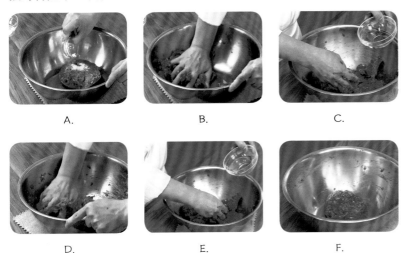

图7.110 顺一方向擦挞法过程

14.28.2 全捞法（图7.111）

全捞法是对带骨馅料及一些简单馅料的加工方法；此方法要求馅在搅拌时不需起胶黏性，只需捞匀便可。一般先将肉料吸干水分，加入生粉捞匀，取一盆子，将味料混合加入擦至溶解，加入肉料拌匀，最后加入其他香料及油拌匀即可。

图7.111 全捞法过程

【技术要领】

1. 顺一方向擦挞法主要用于肉类，在擦挞过程中必须按同一方向。

2. 顺一方向擦挞法先加盐，擦挞起胶后再加其他调味料。

3. 全捞法捞馅时注意骨头应先冲水至发白，吸干水分后再加调味料。

【质量要求】

顺一方向擦挞法馅料色泽鲜明，肉质胶黏性强且具有弹性，全捞法馅料表面有汁且分布均匀，光泽明亮（图7.112）。

A.

B.

图7.112 拌馅技法成品

【任务评价】

【任务作业】

1. 顺着一个方向擦挞法与全捞法有什么区别？

2. 中式点心中哪些馅料采用了全捞法？

【任务视频】

任务视频

任务 29 点心馅芡制作

【任务描述】

点心馅芡在中式点心制作中占有重要地位，可分为面捞芡与外加芡，具有增加点心风味与色泽的作用。

【学习目标】

1. 了解中式点心制作中基本技法的种类。
2. 学会中式点心制作的基本技法——点心馅芡料制作。
3. 引导学生树立精益求精的思想，培养大国工匠意识，形成爱国、敬业，为人民服务的思想。

【任务准备】

1. 原料准备（图7.113）

风车生粉100 g、粟粉100 g、低筋面粉50 g、白糖200 g、老抽50 g、生抽50 g、蚝油50 g、味精5 g、葱姜适量、清水1 200 g、生油120 g。

图7.113 点心馅芡制作材料

2. 设备与工具准备

炒炉、煮锅、打蛋棒、粉筛、滤筛、不锈钢盆等。

【任务实施】

点心馅芡制作（图7.114）如下。

先将风车生粉、粟粉、低筋面粉混合过筛，用400 g清水开成粉浆备用。将炒锅烧热，加入葱姜炒香后加入剩余的800 g清水，烧沸后过滤到煮锅中，加入除油外的所有味料并搅匀，待大沸后收慢火，

将粉浆慢慢倒入，边倒边搅拌，纯滑后倒入剩余的60 g生油搅拌均匀。趁热倒入盆中，冷却即可。

A.   B.   C.

D.   E.   F.

G.   H.   I.

图7.114　点心馅芡制作过程

【技术要领】

1. 粉类必须先用清水化开，在勾芡时搅拌均匀再加入。
2. 加入粉浆后，需一直搅拌，防止烧焦煳底。

【质量要求】

要求制好的馅芡色泽橙红，纯滑不生粒，凉冻成凝结状（图7.115）。

【任务评价】

图7.115　点心馅芡成品

【任务作业】

1. 中式点心芡料制作应注意哪些细节?
2. 中式点心中哪些馅料的制作需用到芡料?

【任务视频】

任务视频

任务 30 生咸馅制作

【任务描述】

生咸馅在中式点心制作中占有重要地位，是决定中式点心口味的重要因素之一。主要有生荤馅、生素馅与生荤素馅三大类。

【学习目标】

1. 了解中式点心制作中基本技法的种类。
2. 学会中式点心制作的基本技法——生咸馅制作。
3. 引导学生树立精益求精的思想，培养大国工匠意识，形成爱国、敬业，为人民服务的思想。

【任务准备】

1. 原料准备（图7.116）

猪肉、虾仁、马蹄、干冬菇、韭菜、娃娃菜、调味料、猪油、麻油等适量。

图7.116 生咸馅制作材料

2. 设备与工具准备

桑刀、砧板、不锈钢盆等。

【任务实施】

14.30.1 原料预处理

将肥瘦猪肉分开。肥猪肉：切粒或剁碎；瘦猪肉：切丁、粒或剁碎；虾仁：加入少许盐、食粉腌制15～20 min后冲洗干净；马蹄：切粒；干冬菇：浸泡软后洗净切粒；韭菜：切粒后加入少许盐腌制，再冲洗干净，沥干水。

14.30.2 生荤馅制作（图 7.117）

将瘦肉与虾仁粒加入精盐，用擦挞法或摔打法至起胶状（也可加入搅拌机搅拌至起胶状），加入味料拌匀，再加入肥肉粒、冬菇粒拌匀，最后加入猪油与麻油拌匀。

A.　　　　　　　　B.

C.　　　　　　　　D.

图7.117　生荤馅制作过程

14.30.3　生荤素馅制作（图7.118）

在生荤馅的基础上，加入处理过的素料，如加入韭菜粒、白菜粒等。

A.　　　　　　　B.　　　　　　　C.

图7.118　生荤素馅制作过程

【技术要领】

1. 制作生荤馅时，肉类要先加盐后搅打起胶，再加其他调味料。

2. 制作生荤素馅时，菜类必须先加盐脱水，沥干水分后加入，且菜类在使用时才加入。

【质量要求】

要求制好的生荤馅或生荤素馅色泽鲜明，水分合适，质地润滑，胶黏性好（图7.119）。

A.

B.

图7.119 生咸馅成品

【任务评价】

【任务作业】

1. 生荤馅与生荤素馅在制作上有什么区别?
2. 你所吃过的中式点心中，哪个品种采用了生荤素馅?

【任务视频】

任务视频

任务31 熟咸馅制作

【任务描述】

熟咸馅在中式点心制作中占有重要地位，是决定中式点心口味的重要因素之一。

【学习目标】

1. 了解中式点心制作中基本技法的种类。
2. 学会中式点心制作的基本技法——熟咸馅制作。
3. 引导学生树立精益求精的思想，培养大国工匠意识，形成爱国、敬业，为人民服务的思想。

【任务准备】

1. 原料准备（图7.120）

猪肉、马蹄、湿冬菇、虾米、韭黄、生粉、调味料、麻油、叉烧芡、叉烧肉等适量。

图7.120　熟咸馅材料

2. 设备与工具准备

炒锅、锅铲、不锈钢盆等。

【任务实施】

14.31.1　熟咸馅炒制（图7.121）

首先原料预处理，猪肉、马蹄、湿冬菇、韭黄洗净加工成中粒，

虾米浸泡15 min以上；然后将猪肉加工成中粒，用120 ℃油温拉油至刚熟；再烹制调味，将虾米爆香，加入马蹄粒、冬菇粒炒香，加入猪肉，调味后，加入麻油炒匀；勾芡，取少许生粉，加入适量清水调成稀糊状，倒入锅中，快速铲匀；加包尾油，取少许油加入铲拌均匀；最后加入五香粉与韭黄铲匀。

图7.121　熟咸馅炒制过程

14.32.2　拌芡熟咸馅（图7.122）

将叉烧肉加工成指甲片状，拌入叉烧芡捞匀。

图7.122　拌芡熟咸馅制作过程

【技术要领】

1. 所有原料预先加工成大小均匀的粒或片。
2. 加入叉烧芡时尽量快速捞匀，避免手温将芡融化。

【质量要求】

要求成品、原料形态符合烹调的要求，表面色泽鲜明、芡量适度（图7.123）。

A.

B.

图7.123 熟咸馅成品

【任务评价】

【任务作业】

1. 熟咸馅在制作中应注意什么问题？
2. 你所吃过的中式点心中，哪个品种采用了熟咸馅？

【任务视频】

任务视频

任务32 甜蓉馅制作

【任务描述】

甜馅是多种中式点心必用的馅料之一，大多数甜馅已实现工业化生产，但一些较为湿润或个性化的馅料仍需新鲜制作。

【学习目标】

1. 了解中式点心制作中基本技法的种类。

2. 学会中式点心制作的基本技法——甜蓉馅制作。

3. 引导学生树立精益求精的思想，培养大国工匠意识，形成爱国、敬业，为人民服务的思想。

【任务准备】

1. 原料准备（图7.124）

粟粉60 g、低筋面粉15 g、吉士粉10 g、黄油50 g、鸡蛋1个、白糖100 g、清水180 g、纯牛奶50 g、椰浆50 g。

图7.124　奶皇馅材料

2. 设备与工具准备

蒸炉、打蛋棒、不锈钢盆等。

【任务实施】

甜蓉馅制作过程——以奶皇馅为例（图7.125）。

先将粟粉、低筋面粉、吉士粉混合过筛，用不锈钢盆装好。加入白糖捞匀，牛油放在粉上面。将清水烧沸，倒入粉中，用打蛋棒搅匀至纯滑不生粒，加入纯牛奶、椰浆、鸡蛋搅匀。把浆液倒在蒸盆中，放入蒸炉约蒸20 min（隔10 min搅拌一次）取出，搅至纯滑，待凉冻便成奶皇馅。

A.

B.

C.

D.

E.

F.

G.

图7.125　奶皇馅制作过程

【技术要领】

1.粉类过筛防止生粒,制好的浆液最好过滤一遍再蒸。
2.蒸制时需取出搅拌均匀,再放入,直至纯滑。

【质量要求】

要求成品色泽金黄,软滑不生粒,不粘手,纯滑(图7.126)。

【任务评价】

【任务作业】

图7.126　奶皇馅成品

1.甜蓉馅在制作中应注意什么问题?
2.你所熟悉的甜蓉馅有哪些?

【任务视频】

附　录

《中式点心基础》基本功操作评价表

序号	评价内容	评价要点	配分/分	评价标准	得分/分
1	安全卫生	（1）操作安全	3	操作流程、工序按要求合理安全	
		（2）个人卫生	3	头发修剪长短合适，指甲修剪干净，指缝没污迹，不佩戴饰物等	
		（3）工（岗）位卫生	3	操作时保持工（岗）位卫生，原料摆放整齐，保持设备卫生，符合卫生要求	
		（4）操作卫生	3	不乱丢乱放，使用洁净工用具，随时保持操作卫生	
2	职业素养	（1）服从意识	3	服从组内安排，完成小组分配的任务，主动配合或帮助组员，与其他组员关系融洽	
		（2）迟到或早退	5	不迟到，不早退	
		（3）擅离工（岗）位	2	不得擅离工（岗）位及窜岗	
		（4）个人仪表着装	3	按点心师规范着装，不穿着拖鞋	
		（5）个人事故	5	由于个人规范及操作失当产生的事故及安全责任等	
3	操作规范	（1）设施设备使用	5	正确使用设备，程序合理、安全	
		（2）工用具使用	5	正确使用工用具，程序合理、安全	
		（3）原材料使用	5	正确用料，不浪费原材料	
		（4）工序流程	5	程序合理、动作熟练、姿势正确自然	
4	产品要求	（1）规格	10	规格大小符合要求，面皮与馅料符合度量与质量要求	
		（2）形格	10	形格符合相对应产品的要求，外形美观、形格大小一致，造型符合产品所要求的形状	
		（3）动作	10	动作符合相关产品的动作标准，动作速度达到相对应产品的要求	
		（4）质量	10	所制产品符合相关产品的品质要求	
		（5）其他	10	与所做产品品质相关联的一些其他指标	
	合计		100		

References 参考文献

[1] 陈有毅，李永军，马庆文. 现代点心制作技术[M]. 2版. 北京：机械工业出版社，2012.

[2] 朱在勤. 苏式面点制作工艺[M]. 北京：中国轻工业出版社，2012.

[3] 李永军，张霞. 粤式点心基础[M]. 广州：暨南大学出版社，2020.

[4] 陈洪华，李祥睿. 面点工艺学[M]. 北京：中国纺织出版社，2020.

[5] 徐丽卿，许映花. 粤点制作（初级）[M]. 北京：高等教育出版社，2021.

[6] 唐进，陈瑜. 中式面点制作[M]. 重庆：重庆大学出版社，2021.